CENTRALES HIDROELECTRICAS (II)

- TURBINAS HIDRAULICAS -

INFORMACION TECNICA

Primera edición: Agosto - 1986
Segunda edición: Mayo - 1987

ISBN: 84-398-9523-2
Depósito Legal: ZA. 200-1986
Imprime:
Gráficas Heraldo de Zamora
Santa Clara, 25

PROLOGO

El contenido de la presente información, titulada **TURBINAS HIDRAULICAS**, perteneciente a la serie de los módulos sobre **CENTRALES HIDROELECTRICAS**, tiene como fin primordial describir dichas máquinas y aquellos equipos y sistemas íntimamente relacionados con las mismas, los cuales son imprescindibles para su correcto funcionamiento.

La sucesiva exposición del tema, se realiza considerando un planteamiento generalizado y amplio, basado en conceptos teóricos ineludibles y en aquellos aspectos tecnológicos fundamentales, tomando, en todo caso, como referencia, los conocimientos y experiencias de las instalaciones ya existentes y de los elementos que actualmente predominan.

Todo ello, conduce a comprender lo esencial y la razón de ser de los componentes descritos, lo que, en un futuro, facilitará un mejor entendimiento de la evolución de los mismos, como consecuencia de la constante aportación de avances tecnológicos a los cuales están supeditados.

Dado que el texto responde a la consecución de unos objetivos determinados, su desarrollo y extensión ha de estar en consonancia con los mismos. Por ello no estimamos oportuno incluir determinados asuntos que, aunque enteramente afines con el tema que nos ocupa, son tratados, conjuntamente o por separado, en otros módulos relacionados con las Centrales Hidroeléctricas, los cuales satisfacen, a su vez, a objetivos previamente establecidos, según las condiciones exigidas para cada caso.

A esta consideración, se refieren temas tales como **Clasificación de las Centrales Hidroeléctricas; Presas y conducciones de agua; Compuertas, válvulas y ataguías; Generadores de energía eléctrica; Sistemas eléctricos; Maniobras en equipos y sistemas hidráulicos; Maniobras en equipos y sistemas eléctricos,** etc.

Hemos de destacar la abnegada colaboración de los Técnicos, de distintas Empresas Eléctricas, responsables de los proyectos y explotación de Centrales Hidroeléctricas, sin cuya desinteresada ayuda no hubiera sido posible la realización de la presente información que, ahora, ponemos a disposición del personal que presta o va a prestar sus servicios en dichas instalaciones, y del cual solicitamos, así mismo, las sugerencias que estimen oportunas. A todos, nuestro más reconocido agradecimiento.

IMPORTANTE

Al recibir esta Información Técnica, asegúrese de que va acompañada del **Cuaderno de Recopilación de Sugerencias** el cual, con las anotaciones por Vd. realizadas, deberá llevarlo a la fase **ACTIVIDAD EN GRUPO** para, a la vista de las distintas sugerencias aportadas por cada uno de los Asistentes, proceder a las aclaraciones a que hubiera lugar por parte del Instructor.

INDICE

TURBINAS HIDRAULICAS

bien en su forma de presión (energía potencial o de posición) como en la de velocidad (energía cinética), en el trabajo mecánico existente en un eje de rotación. En términos generales y sin ánimo de ser reiterativos, podemos definir a las turbinas hidráulicas como **motores hidráulicos** destinados a aprovechar las corrientes y saltos de agua.

Hemos expuesto «qué» función tiene una turbina. Ahora se trata de analizar «cómo» se origina esa función en la misma.

Sin detenernos a mostrar amplios detalles descriptivos de los componentes fundamentales, ya que lo haremos oportunamente al hablar de cada tipo de turbina, expondremos con brevedad cómo se produce el funcionamiento de las turbinas en términos generales.

Una turbina hidráulica es accionada por el agua en movimiento, una vez que ésta es debidamente encauzada hacia el elemento de turbina denominado **distribuidor,** el cual, circularmente, distribuye, regula y dirige un caudal de agua que tiende a incidir, con mayor o menor amplitud, hacia el centro del círculo descrito, sobre un rotor o rueda móvil conocida con el nombre de **rodete,** que, conjuntamente con el eje en el que está montado, ha de estar perfectamente equilibrado dinámica y estáticamente (fig. 3).

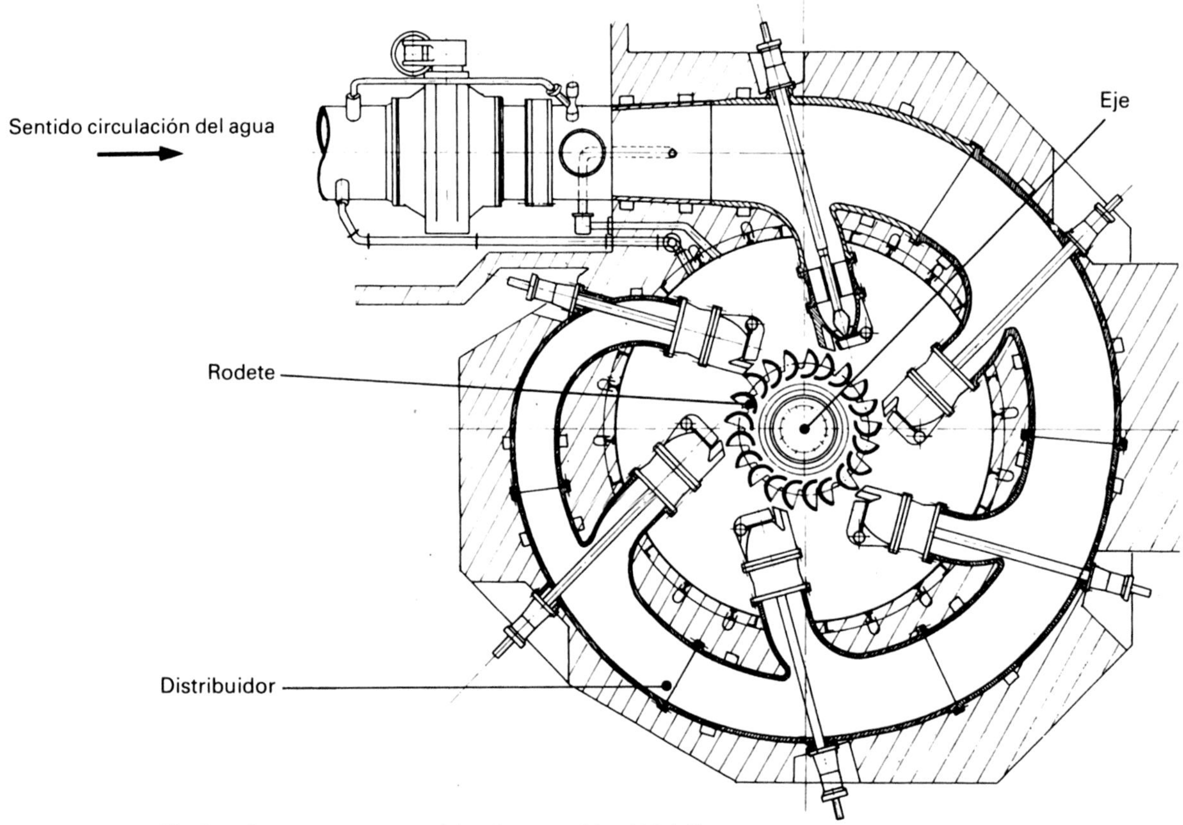

Fig. 3.— Componentes esenciales de una turbina hidráulica.
(Vista en planta de una turbina Pelton de eje vertical con seis equipos de inyección)

De lo expuesto se deduce cómo la energía del agua, originalmente la mayoría de los casos en forma de energía potencial de tipo gravitatorio, se convierte en energía cinética al pasar sucesivamente por el distribuidor y el rodete, debido a la diferencia de nivel existente entre la entrada y la salida de la conducción (fig. 4). En consecuencia, se provocan cambios en la magnitud y dirección de la velocidad del fluido, lo que hace que se produzcan fuerzas tangenciales en el rodete, generándose así energía mecánica al girar éste.

TURBINAS HIDRAULICAS

1. INTRODUCCION

Por **TURBINA,** palabra relacionada con el torbellino creado por un fluido, se entiende todo dispositivo mecánico capaz de convertir en trabajo, en la forma de movimiento de rotación, la energía cinética presente en masas de agua, vapor o gas, al encontrarse éstas dotadas de una determinada velocidad de desplazamiento (fig. 1).

La aplicación inmediata del trabajo mecánico desarrollado en la turbina, es la de hacer girar al rotor del generador de energía eléctrica, en el cual se realiza la transformación de la energía mecánica en energía eléctrica. Todo ello, como consecuencia de estar rígidamente unidos, generalmente, los ejes de ambas máquinas, **turbina-generador,** formando un eje único con el que se obtiene sincronismo de giro entre las mismas, es decir, idéntico número de revoluciones durante espacios de tiempo iguales.

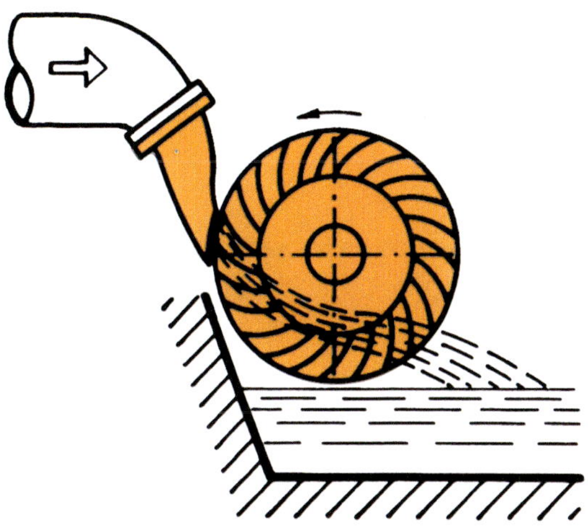

Fig. 1.— Turbina hidráulica. (Motor hidráulico)

En determinadas máquinas, particularmente en las que proporcionan pequeñas potencias y trabajan con poca altura de salto, se suele disponer un multiplicador de velocidad, instalado entre ambos ejes, a fin de que las dimensiones del generador sean reducidas.

De ahora en adelante, al referirnos al conjunto turbina-generador, le denominaremos **grupo**. Igualmente utilizaremos la expresión **alternador** para nombrar al generador, por ser alterna la corriente producida en el mismo (fig. 2).

Vamos a centrarnos en el estudio exclusivo de las denominadas **TURBINAS HIDRAULICAS,** expresión que identifica a las máquinas motrices accionadas por el agua, instaladas en las **Centrales Hidroeléctricas.**

En base a la anterior consideración, podemos decir que turbina hidráulica es la máquina destinada a transformar la energía hidráulica, de una corriente o salto de agua, en energía mecánica. Por lo tanto, toda turbina convierte la energía del agua, manifestada

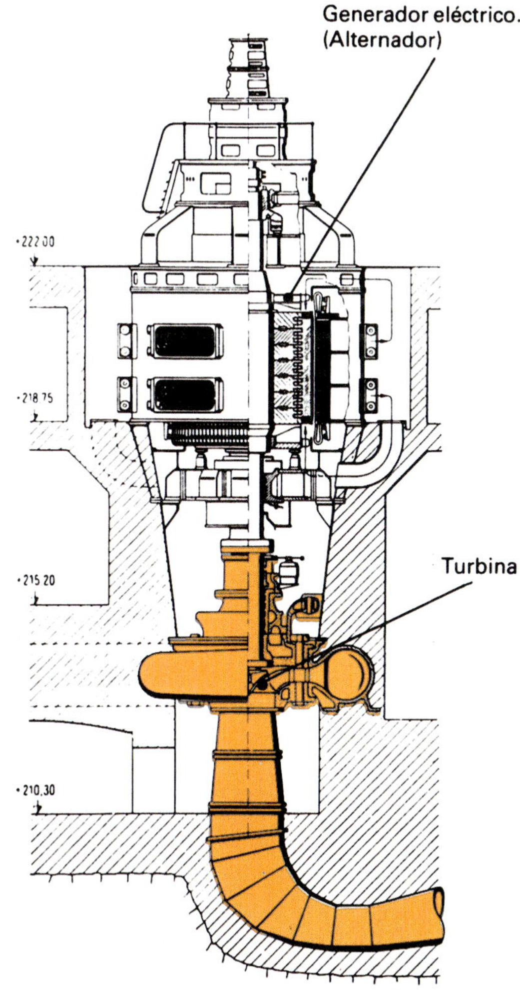

Fig. 2.— Conjunto turbina-generador. (Grupo)

bien en su forma de presión (energía potencial o de posición) como en la de velocidad (energía cinética), en el trabajo mecánico existente en un eje de rotación. En términos generales y sin ánimo de ser reiterativos, podemos definir a las turbinas hidráulicas como **motores hidráulicos** destinados a aprovechar las corrientes y saltos de agua.

Hemos expuesto «qué» función tiene una turbina. Ahora se trata de analizar «cómo» se origina esa función en la misma.

Sin detenernos a mostrar amplios detalles descriptivos de los componentes fundamentales, ya que lo haremos oportunamente al hablar de cada tipo de turbina, expondremos con brevedad cómo se produce el funcionamiento de las turbinas en términos generales.

Una turbina hidráulica es accionada por el agua en movimiento, una vez que ésta es debidamente encauzada hacia el elemento de turbina denominado **distribuidor,** el cual, circularmente, distribuye, regula y dirige un caudal de agua que tiende a incidir, con mayor o menor amplitud, hacia el centro del círculo descrito, sobre un rotor o rueda móvil conocida con el nombre de **rodete,** que, conjuntamente con el eje en el que está montado, ha de estar perfectamente equilibrado dinámica y estáticamente (fig. 3).

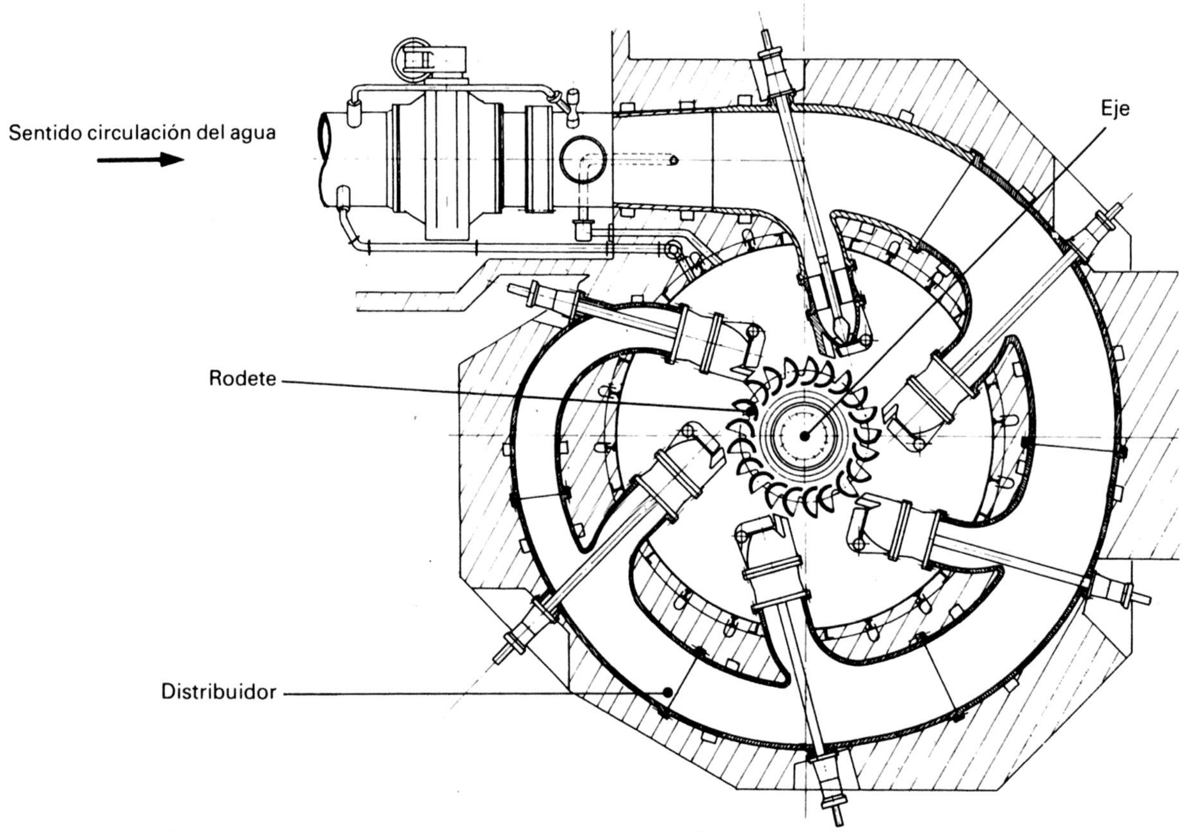

Fig. 3.— Componentes esenciales de una turbina hidráulica.
(Vista en planta de una turbina Pelton de eje vertical con seis equipos de inyección)

De lo expuesto se deduce cómo la energía del agua, originalmente la mayoría de los casos en forma de energía potencial de tipo gravitatorio, se convierte en energía cinética al pasar sucesivamente por el distribuidor y el rodete, debido a la diferencia de nivel existente entre la entrada y la salida de la conducción (fig. 4). En consecuencia, se provocan cambios en la magnitud y dirección de la velocidad del fluido, lo que hace que se produzcan fuerzas tangenciales en el rodete, generándose así energía mecánica al girar éste.

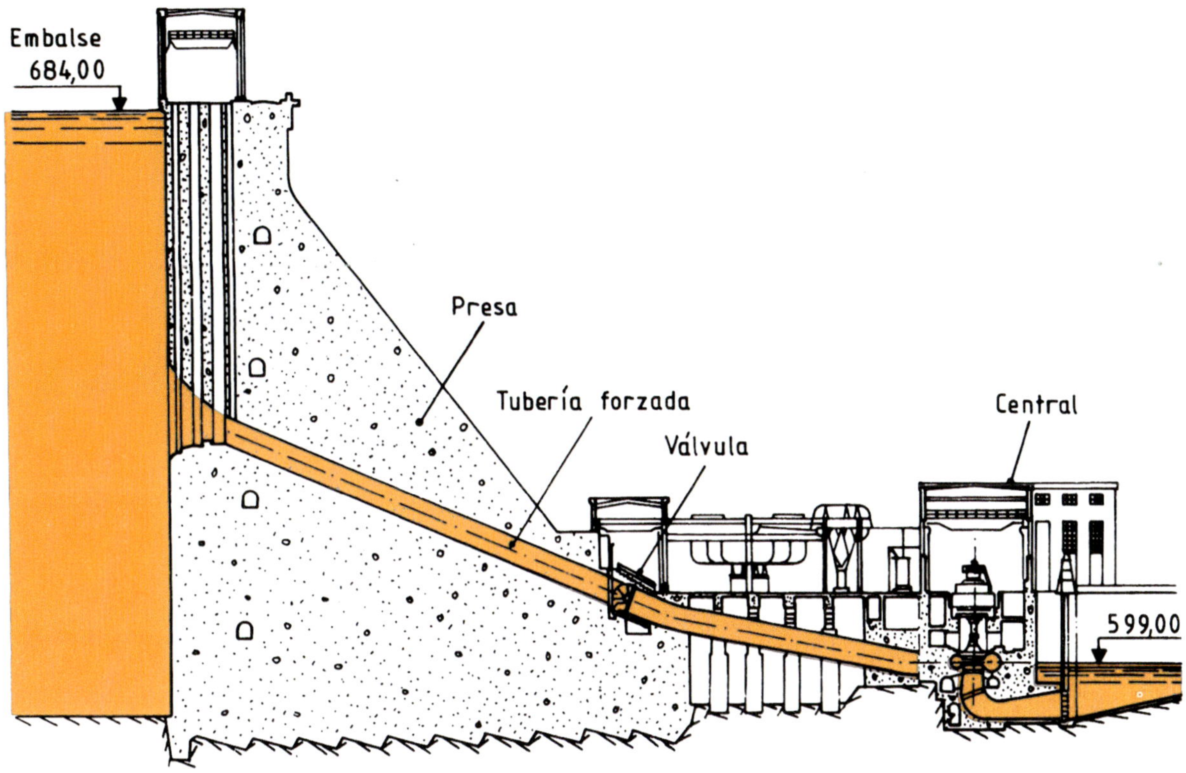

Fig. 4.— Diferencia de nivel existente entre la entrada y la salida del agua de alimentación a una turbina.
(Ejemplo: 684 — 599 = 85 m)

El rendimiento de las instalaciones con turbinas hidráulicas, siempre es elevado, pudiendo llegar desahogadamente al 90 % o más, después de tener en cuenta todas las pérdidas hidráulicas por choque, de caudal, de fricción en el generador, mecánicas, etc.

Los problemas de la regulación de velocidad son importantes, principalmente a causa de las grandes masas de agua que entran en juego, con sus aceleraciones positivas y negativas, que se transforman en ondas de presión. La continuidad de las columnas de agua transmite las ondas, produciéndose fuertes choques o **golpe de ariete** que es necesario evitar o por lo menos controlar. Dicho fenómeno lo estudiaremos en el apartado 7.2.

2. TIPOS DE TURBINAS HIDRAULICAS

En el presente apartado, se inicia el estudio de los tres tipos de turbinas hidráulicas utilizados con mejores resultados en la actualidad.

De cada uno de dichos tipos, mencionaremos las características técnicas y de aplicación más destacadas que los identifican, la descripción de los distintos elementos que componen cada turbina, así como el principio de funcionamiento de las mismas.

Los tres tipos objeto de estudio son (fig. 5):

— Turbinas **PELTON** (a)
— Turbinas **FRANCIS** (b)
— Turbinas **KAPLAN** (c)

Para establecer esta relación en el orden indicado, nos basamos en el empleo de las turbinas en función de la altura del salto, si bien no hay límites perfectamente definidos que separen los márgenes de utilización de unos tipos respecto de los demás.

No ampliaremos el estudio a otros tipos de turbinas, tales como Fourneyron, Girard, Jonval, Schwamkrug, Zuppinger, etc., por encontrarse en el momento presente desfasados tecnológicamente.

(a).— Turbina Pelton

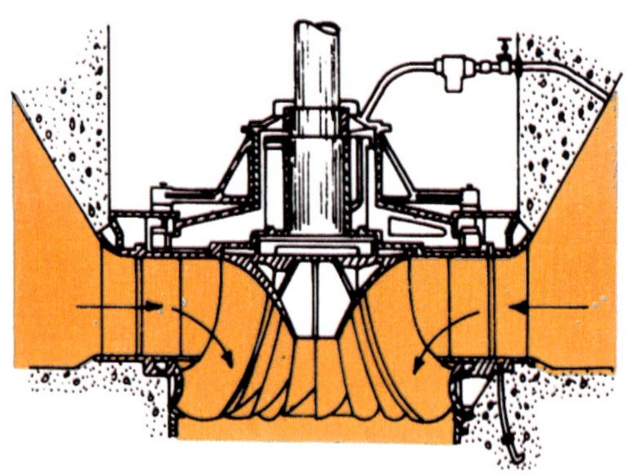
(b).— Turbina Francis

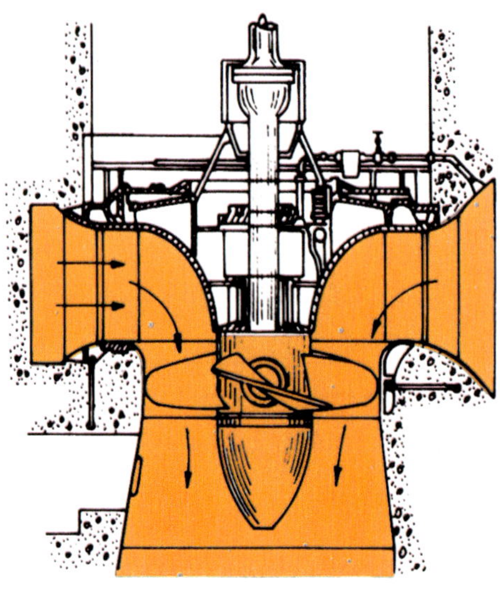
(c).— Turbina Kaplan

Fig. 5.— Tipos de turbinas hidráulicas.

3. TURBINAS PELTON

Las turbinas Pelton (1), se conocen como turbinas de presión por ser ésta constante en la zona del rodete, de chorro libre, de impulsión, o de admisión parcial por ser atacada por el agua sólo una parte de la periferia del rodete. Así mismo entran en la clasificación de turbinas **tangenciales** y turbinas de **acción,** conceptos que analizaremos a su debido tiempo.

Su utilización es idónea en saltos de gran altura (alrededor de 200 m y mayores), y caudales relativamente pequeños (hasta 10 m^3/s aproximadamente).

Por razones hidroneumáticas, y por sencillez de construcción, son de buen rendimiento para amplios márgenes de caudal (entre 30 % y 100 % del caudal máximo). Por ello se colocan pocas unidades en cada central que requiere turbinas de estas características.

Pueden ser instaladas con el eje en posición vertical u horizontal, siendo esta última disposición la más adecuada, la cual nos servirá de referencia para hacer las descripciones necesarias.

3.1. Componentes de una turbina Pelton

Los componentes esenciales de una turbina Pelton, enumerados, dentro de lo posible y cuando corresponda, siguiendo la trayectoria del agua a través de la misma son (fig. 6).

- Distribuidor
- Rodete
- Carcasa
- Cámara de descarga
- Sistema hidráulico de frenado
- Eje

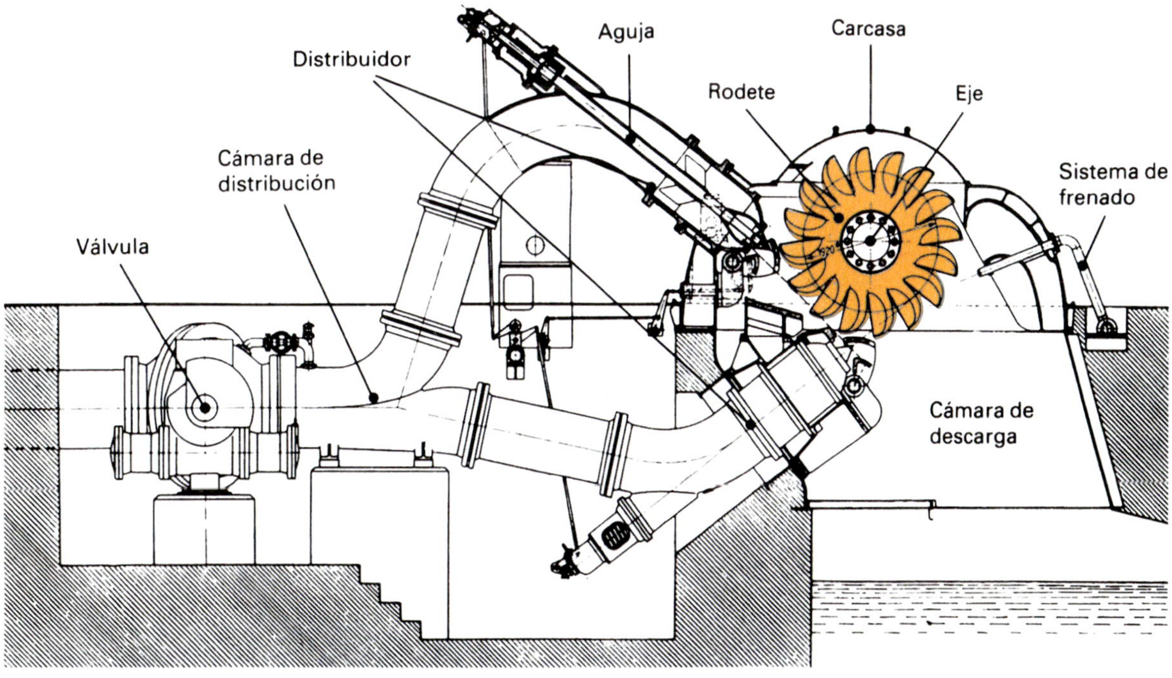

Fig. 6.— Componentes de una turbina Pelton de eje horizontal, con dos equipos de inyección.

(1) PELTON (Lester Allen), ingeniero norteamericano (1829-1908). Diseñó y construyó equipos para la extracción del oro en California.

A continuación hacemos una amplia descripción de cada uno de ellos.

3.1.1. Distribuidor de una turbina Pelton

Está constituido por uno o varios equipos de inyección de agua. Cada uno de dichos equipos, formado por determinados elementos mecánicos, tiene como misión dirigir, convenientemente, un chorro de agua, cilíndrico y de sección uniforme, que se proyecta sobre el rodete, así como también, regular el caudal preciso que ha de fluir hacia dicho rodete, llegando a cortarlo totalmente cuando proceda (fig. 7).

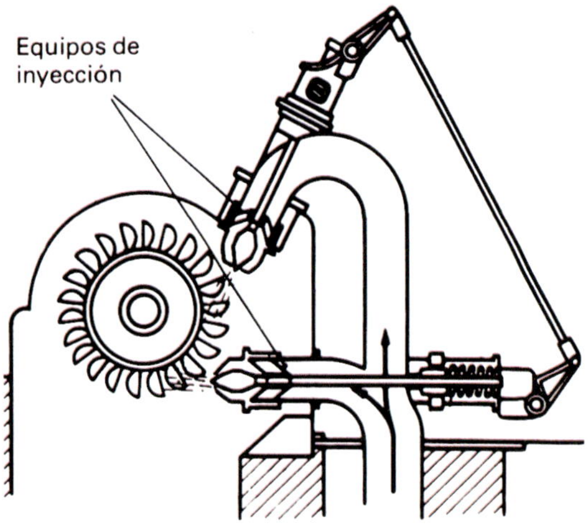

Fig. 7.— Esquema de un distribuidor con dos equipos de inyección.

El número de equipos de inyección, colocados circunferencialmente alrededor de un rodete, depende de la potencia y características del grupo, según las condiciones del salto de agua. Así mismo, se puede disponer de más de un rodete en el mismo eje, cada uno de ellos dotado del distribuidor apropiado (fig. 8).

Hasta seis suelen ser los equipos que proyectan chorros de agua sobre un mismo

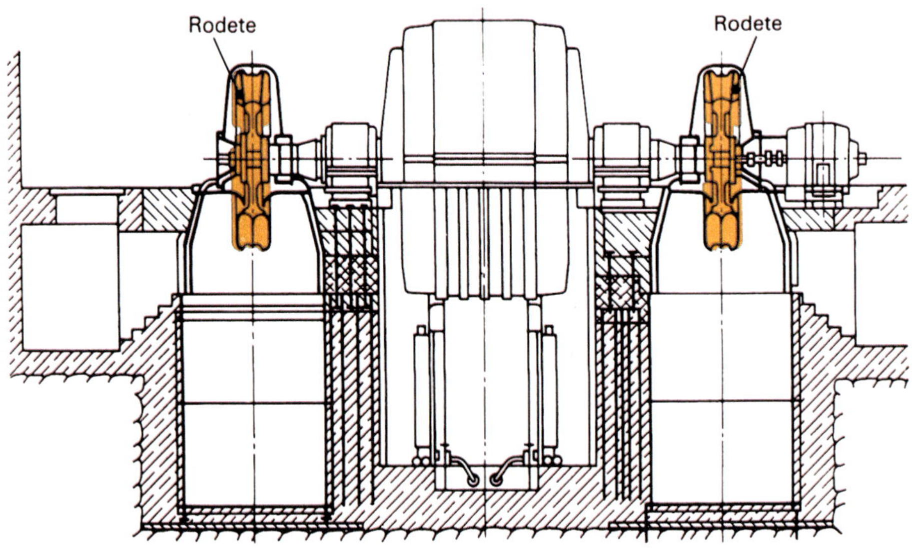

Fig. 8.— Grupo accionado por turbina Pelton con dos rodetes.

rodete, derivando todos y cada uno de ellos de la tubería forzada. Dicho número de equipos de inyección, se instala en turbinas Pelton con eje vertical, siendo, normalmente, uno o dos inyectores los instalados cuando la disposición del eje es horizontal (figs. 3, 6 y 9).

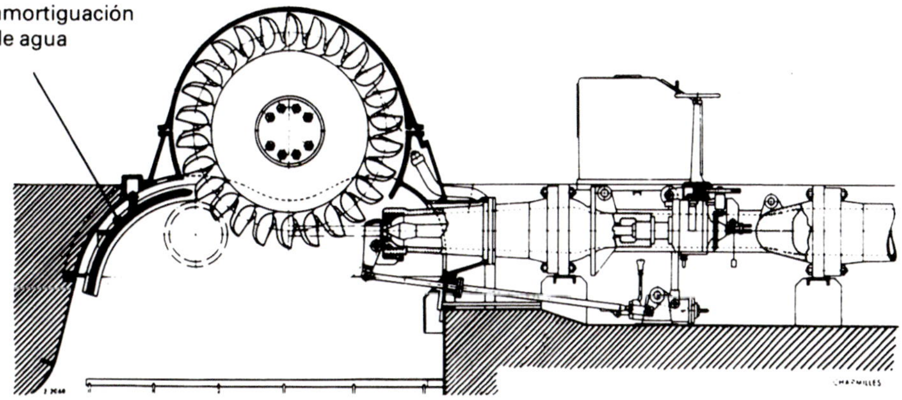

Fig. 9.— Turbina Pelton de eje horizontal, con un equipo de inyección.

Para mejor comprensión, describiremos los elementos que forman un solo equipo de inyección, mediante el cual se obtiene un chorro de agua. Estos elementos son:

Cámara de distribución

Consiste en la prolongación de la tubería forzada, acoplada a ésta mediante brida de unión, posteriormente a la situación de la válvula de entrada a turbina, según la trayectoria normal del agua (fig. 6). También se nombra **cámara de inyectores.**

Tiene como misión fundamental, conducir el caudal de agua. Igualmente, sirve de soporte a los demás mecanismos que integran el distribuidor (fig. 10).

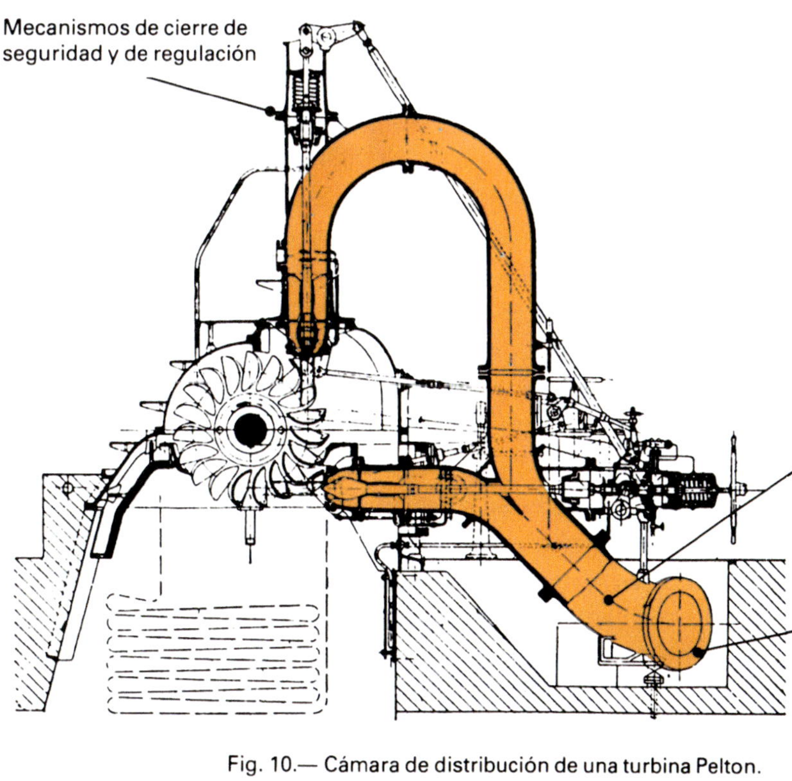

Fig. 10.— Cámara de distribución de una turbina Pelton.

Inyector

Es el elemento mecánico destinado a dirigir y regular el chorro de agua. Está compuesto por:

Tobera

Se entiende como tal, una boquilla, normalmente con orificio de sección circular (puede tratarse de otra sección), de un diámetro aproximado entre 5 y 30 cm, instalada en la terminación de la cámara de distribución (fig. 11).

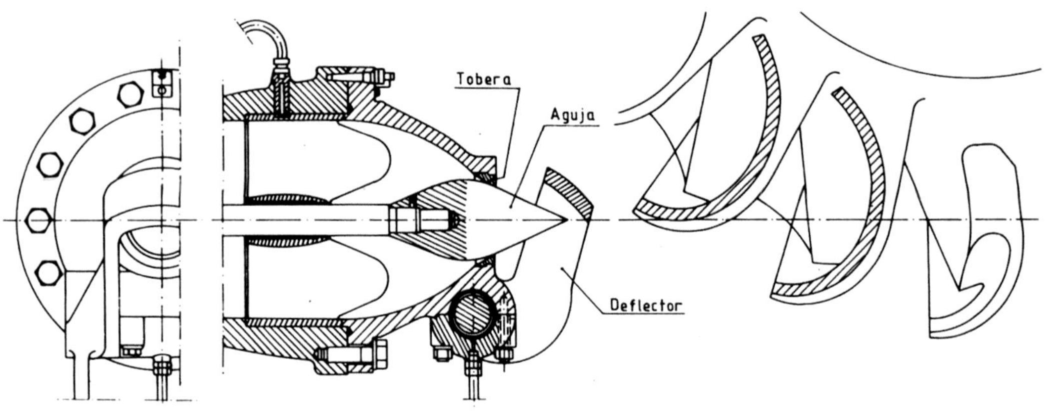

Fig. 11.— Detalles de la tobera de una turbina Pelton.

Proyecta y dirige, tangencialmente hacia la periferia del rodete, el chorro de agua, de tal modo que la prolongación de éste forma un ángulo prácticamente de 90° con los imaginarios radios de aquel, en los sucesivos puntos de choque o incidencia del agua. Con lo últimamente expuesto se explica el concepto de turbina tangencial, del cual se hizo mención al iniciar el estudio de las turbinas Pelton.

Aguja

Está formada por un vástago situado concéntricamente en el interior del cuerpo de la tobera, guiado mediante cojinetes sobre los cuales tiene un libre movimiento de desplazamiento longitudinal en dos sentidos (fig. 6).

Uno de los extremos del vástago, el orientado hacia el orificio de salida de la tobera, termina en forma esférico-cónica a modo de punzón, fácilmente recambiable, el cual regula el caudal de agua que fluye por la misma, de acuerdo con el mayor o menor grado de acercamiento hacia el orificio, llegando a cortar totalmente el paso de agua cuando se produce el asentamiento de dicho punzón sobre el mencionado orificio, según las ciscunstancias de funcionamiento del grupo (figs. 11 y 12).

En el otro extremo (fig. 10), están dispuestos mecanismos tales como un muelle de cierre de seguridad, que tiende a cerrar el orificio de tobera, presionando al punzón sobre el mismo, cuando la turbina está parada, o se pone fuera de servicio de manera brusca debido a un determinado defecto que afecte al grupo. También, sobre dicho extremo, actúan una serie de palancas o de servomecanismos, que regulan la posición del punzón, al que de ahora en adelante llamaremos **aguja** o **válvula de aguja,** según las órdenes recibidas del **regulador de velocidad,** al que nos referiremos más adelante.

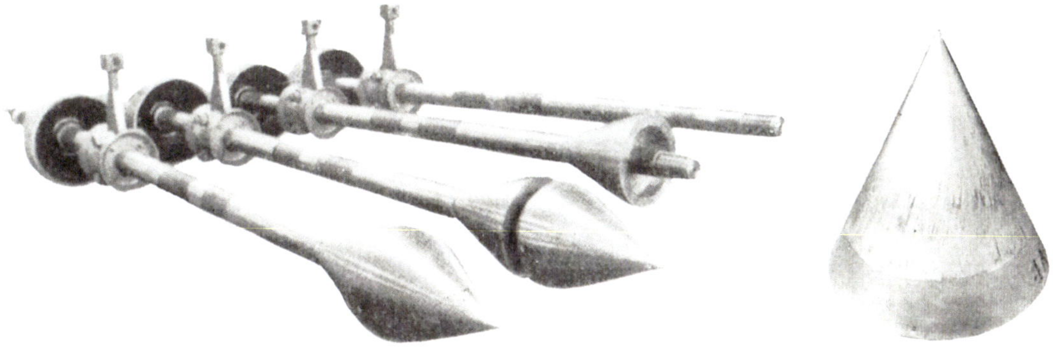

Fig. 12.— Distintos aspectos de la aguja del inyector de una turbina Pelton.
Detalle de punta de aguja erosionada.

Deflector

Es un dispositivo mecánico que, a modo de pala o pantalla, puede ser intercalado con mayor o menor incidencia en la trayectoria del chorro de agua, entre la tobera y el rodete, presentando la parte cóncava hacia el orificio de tobera (figs. 11 y 13).

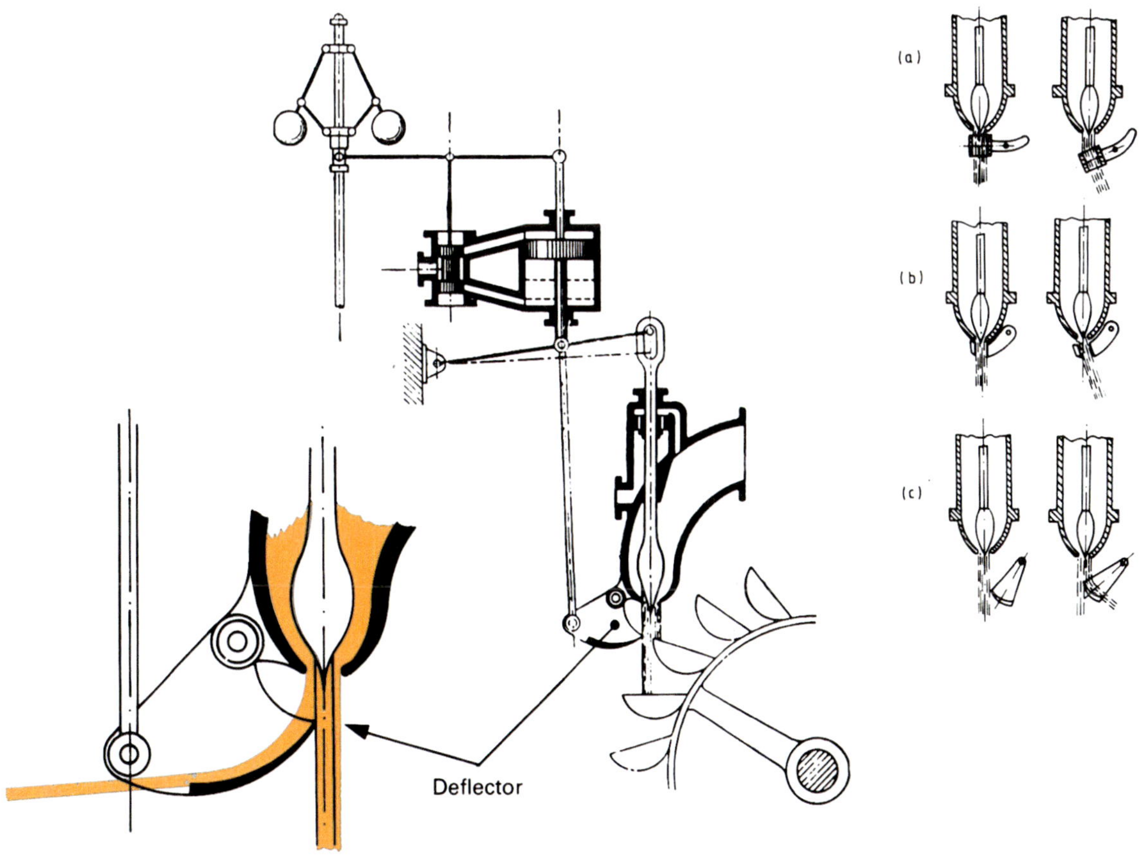

Fig. 13.— Representación esquemática de la actuación de un deflector.
Distintas formas de acción sobre el chorro de agua.

Tiene como misión desviar, total o parcialmente según proceda, el caudal de agua, impidiendo el embalamiento del rodete al producirse un descenso repentino de la carga. Su intervención, evita variaciones bruscas de presión en la tubería forzada, al permitir una respuesta más lenta de la válvula de aguja, ante fuertes oscilaciones de carga.

La situación del deflector se controla con el regulador de velocidad; al igual que las distintas secciones de paso de agua por las toberas, al controlar las posiciones de la válvula de aguja. Oportunamente se ampliarán estas actuaciones.

Equipo de regulación de velocidad

Está constituido por un conjunto de dispositivos electro-mecánicos, a base de servomecanismos, palancas y bielas. Su función, como veremos en el momento oportuno, es la de mantener constante la velocidad del grupo, a fin de que la frecuencia de la corriente generada tenga, en todas las circunstancias de carga, 50 períodos por segundo (p.p.s.). Este valor es general en toda Europa; sin embargo, en América del Norte y algunos países de Hispanoamérica, el valor normalizado es de 60 p.p.s.

3.1.2. Rodete de una turbina Pelton

Es la pieza clave donde se transforma la energía hidráulica del agua, en su forma cinética, en energía mecánica o, dicho de otra manera, en trabajo según la forma de movimiento de rotación. Esencialmente consta de los siguientes elementos (figs. 14 y 15).

Fig. 14.— Rodete de una turbina Pelton.

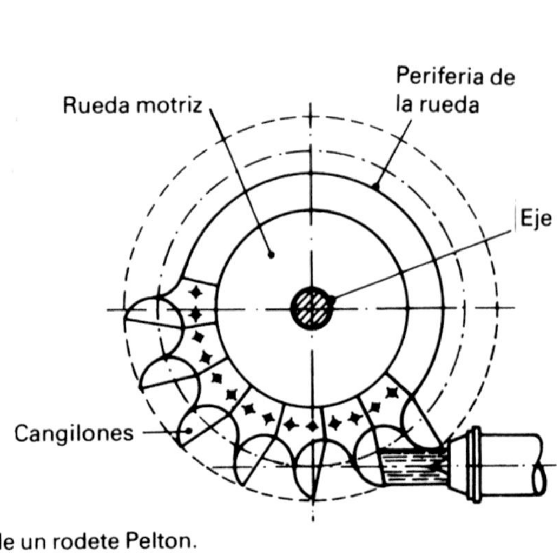

Fig. 15.— Detalles de un rodete Pelton.

Rueda motriz

Está unida rígidamente al eje, montada en el mismo por medio de chavetas y anclajes adecuados. Su periferia está mecanizada apropiadamente para ser soporte de los denominados **cangilones.**

Cangilones

También llamados **álabes, cucharas** o **palas.**

Son piezas de bronce o de acero especial para evitar, dentro de lo posible, las corrosiones y **cavitaciones,** concepto este último que será tratado convenientemente.

Están diseñados para recibir el empuje directo del chorro de agua. Su forma es similar a la de una doble cuchara, con una arista interior lo más afilada posible y situada centralmente en dirección perpendicular hacia el eje, de modo que divide al cangilón en dos partes simétricas de gran concavidad cada una, siendo sobre dicha arista donde incide el chorro de agua. En sección, el conjunto toma forma de ω (omega abierta) (fig. 16).

Su situación sobre la rueda motriz, se consigue por dos procedimientos. Uno de ellos consiste en montarlos de uno en uno o de dos en dos, sobre la periferia de la misma, haciendo la fijación mediante tornillos y cuñas, de tal manera que no existan juegos ni holguras (fig. 17). Modernamente, y para rodetes de cualquier tamaño, los cangilones están forjados con la misma rueda, formando pieza única, lo cual permite una economía en la construcción; y mayor seguridad de funcionamiento, dado el impacto inicial del agua que han de soportar en el momento del arranque, la fuerza centrífuga alcanzada en caso de embalamiento, etcétera.

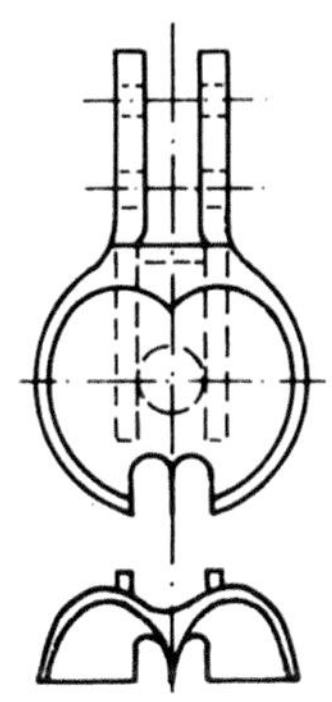

Fig. 16.— Detalles de un cangilón.

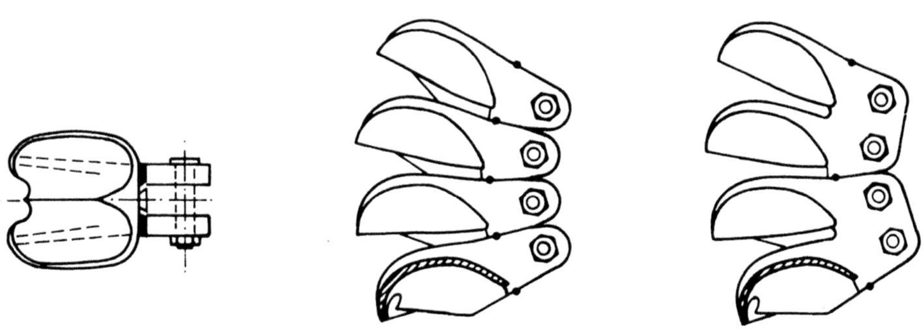

Fig. 17.— Montaje de cangilones.

Cada cangilón lleva, en su extremo periférico, una escotadura en forma de W (uve doble), perfectamente centrada. Tiene como objeto conseguir que, la parte cóncava del cangilón precedente, según el sentido de giro, reciba el chorro de agua cuando su arista se encuentra en posición lo más perpendicular posible, respecto al eje del chorro, aprovechando al máximo el caudal y el impulso que éste le proporciona al acompañarle durante un corto trayecto, razón por la cual las turbinas Pelton se denominan turbinas de impulsión. Dichas escotaduras favorecen un mayor acercamiento de las toberas hacia el rodete.

3.1.3. Carcasa de una turbina Pelton

Es la envoltura metálica que cubre los inyectores, rodete y otros elementos mecánicos de la turbina (fig. 18).

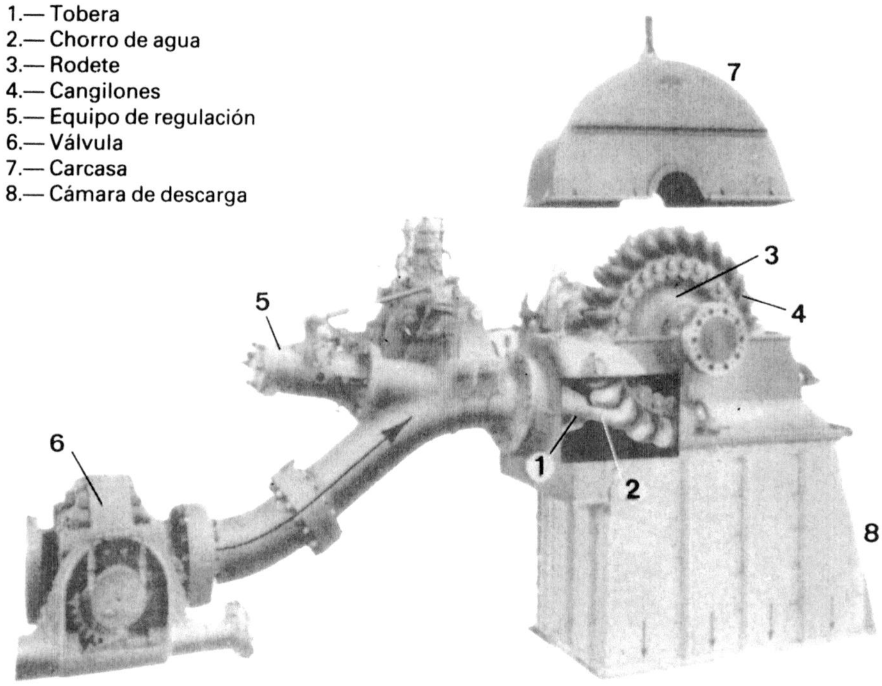

Fig. 18.— Conjunto de una turbina Pelton.

Su misión consiste en evitar que el agua salpique al exterior cuando, después de incidir sobre los cangilones, abandona a éstos.

Dispone de un equipo de sellado, en las zonas de salida del eje, a fin de eliminar fugas de agua. Puede estar formado por un laberinto metálico dotado de drenajes, o bien por juntas de estanqueidad, prensaestopas, etc.

Cuando se trata de turbinas Pelton instaladas con el eje en posición vertical, la carcasa, situada horizontalmente, tiene convenientemente distribuidos en su periferia unos conductos de paso de aire para aireación del rodete, lográndose, alrededor del mismo, el adecuado equilibrio de presiones. En el caso de turbinas con el eje horizontal, la aireación se efectúa desde la cámara de descarga.

3.1.4. Cámara de descarga de una turbina Pelton

Se entiende como tal la zona por donde cae el agua libremente hacia el desagüe, después de haber movido al rodete (fig. 6). También se conoce como **tubería de descarga.**

Para evitar deterioros debidos a la acción de los chorros de agua, especialmente de los originados por la intervención del deflector, se suele disponer, en el fondo de la cámara de descarga, de un colchón de agua de 2 a 3 m de espesor. Con el mismo fin, se instalan blindajes o placas, situadas adecuadamente, que protegen la obra de hormigón (fig. 9).

3.1.5. Sistema hidráulico de frenado de una turbina Pelton

Consiste en un circuito de agua derivado de la cámara de distribución.

El agua, proyectada a gran velocidad sobre la zona convexa de los cangilones, favorece el rápido frenado del rodete, cuando las circunstancias lo exigen (fig. 6).

3.1.6. Eje de una turbina Pelton

Rígidamente unido al rodete, y situado adecuadamente sobre cojinetes debidamente lubricados, transmite el movimiento de rotación al eje del alternador (fig. 19).

Fig. 19.— Eje de una turbina Pelton, con tres rodetes.
Detalle de cojinete axial.

El número de cojinetes instalados así como su función, radial o radial-axial, depende de las características de cada grupo.

3.2. Principio de funcionamiento de las turbinas Pelton

Una vez identificados los elementos componentes de las turbinas Pelton, y conocidas las funciones respectivas, se comprende fácilmente el funcionamiento de las mismas.

La sucesiva transformación de la energía se efectúa del modo siguiente. La energía potencial gravitatoria del agua embalsada, o energía de presión hasta los orificios de las toberas, se convierte, prácticamente sin pérdidas, en energía cinética, al salir el agua a través de dichos orificios en forma de chorros libres, a una velocidad que corresponde a toda la altura del salto útil, estando referida ésta, para el caso concreto de las turbinas Pelton, al centro de los chorros considerados.

Se dispone de la máxima energía cinética en el momento en que el agua incide tangencialmente sobre el rodete, empujando a los cangilones que lo forman, obteniéndose el trabajo mecánico deseado.

Las formas cóncavas de los cangilones hacen cambiar la dirección del chorro de agua, saliendo éste, ya sin energía apreciable, por los bordes laterales, sin ninguna incidencia posterior sobre los cangilones sucesivos. De este modo, el chorro de agua transmite su energía cinética al rodete, donde queda transformada instantáneamente en energía mecánica.

La válvula de aguja, gobernada por el regulador de velocidad, cierra más o menos el orificio de salida de la tobera, consiguiendo modificar el caudal de agua que fluye por ésta, al objeto de mantener constante la velocidad del rodete, evitándose embalamiento o reducción del número de revoluciones del mismo, por disminución o aumento respectivamente de la carga solicitada al generador.

La arista que divide a cada cangilón en dos partes simétricas, corta al chorro de agua, seccionándolo en dos láminas de fluido, teóricamente del mismo caudal, precipitándose cada una hacia la concavidad correspondiente. Tal disposición permite contrarrestar mutuamente los empujes axiales que se originan en el rodete, equilibrando presiones sobre el mismo, al conseguir cambiar, simétrica y opuestamente, los sentidos de ambas láminas de agua (fig. 20).

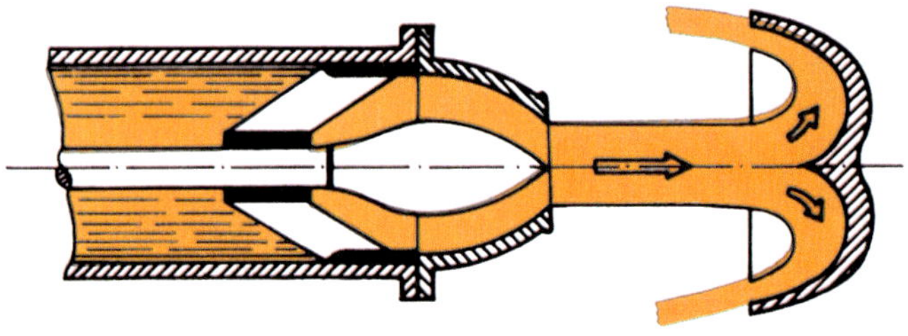

Fig. 20.— Acción del chorro de agua sobre cada cangilón de un rodete Pelton.

4. TURBINAS FRANCIS

Son conocidas como turbinas de sobrepresión por ser variable la presión en las zonas del rodete, o de admisión total ya que éste se encuentra sometido a la influencia directa del agua en toda su periferia. También se conocen como turbinas **radiales-axiales** y turbinas de **reacción,** conceptos que se ampliarán en su momento.

El campo de aplicación es muy extenso, dado el avance tecnológico conseguido en la construcción de este tipo de turbinas. Pueden emplearse en saltos de distintas alturas dentro de una amplia gama de caudales (entre 2 y 200 m^3/s aproximadamente).

Consideraremos la siguiente clasificación, en función de la **velocidad específica** del rodete, cuyo número de revoluciones por minuto depende de las características del salto.

— Turbina Francis **lenta.** Para saltos de gran altura (alrededor de 200 m o más).

— Turbina Francis **normal.** Indicada en saltos de altura media (entre 200 y 20 m)

— Turbinas Francis **rápidas** y **extrarrápidas.** Apropiadas a saltos de pequeña altura (inferiores a 20 m).

El concepto de velocidad específica se tratará adecuadamente en el apartado 9.10.

Las turbinas Francis (1), son de rendimiento óptimo, pero solamente entre unos determinados márgenes (para 60 % y 100 % del caudal máximo), siendo una de las razones por la que se disponen varias unidades en cada central, al objeto de que ninguna trabaje, individualmente, por debajo de valores del 60 % de la carga total.

Al igual que las turbinas Pelton, las turbinas Francis pueden ser instaladas con el eje en posición horizontal (fig. 21), o vertical (fig. 22), siendo esta última disposición la más generalizada por estar ampliamente experimentada, especialmente en el caso de unidades de gran potencia. Para describirlas, nos basaremos en turbinas de eje vertical.

4.1. Componentes de una turbina Francis

La relación de componentes fundamentales, considerando como referencia, siempre que ello sea factible, el sentido de circulación del agua por la turbina, es el siguiente (fig. 23):

— Cámara espiral
— Distribuidor
— Rodete
— Tubo de aspiración

y también

— Eje
— Equipo de sellado del eje de turbina
— Cojinete guía de turbina
— Cojinete de empuje

(1) FRANCIS (James Bicheno), ingeniero británico radicado en los EE. UU. (1815-1892). Con la colaboración del profesor FINK, en el año 1877, se perfeccionó el sistema de distribución de las turbinas Francis.

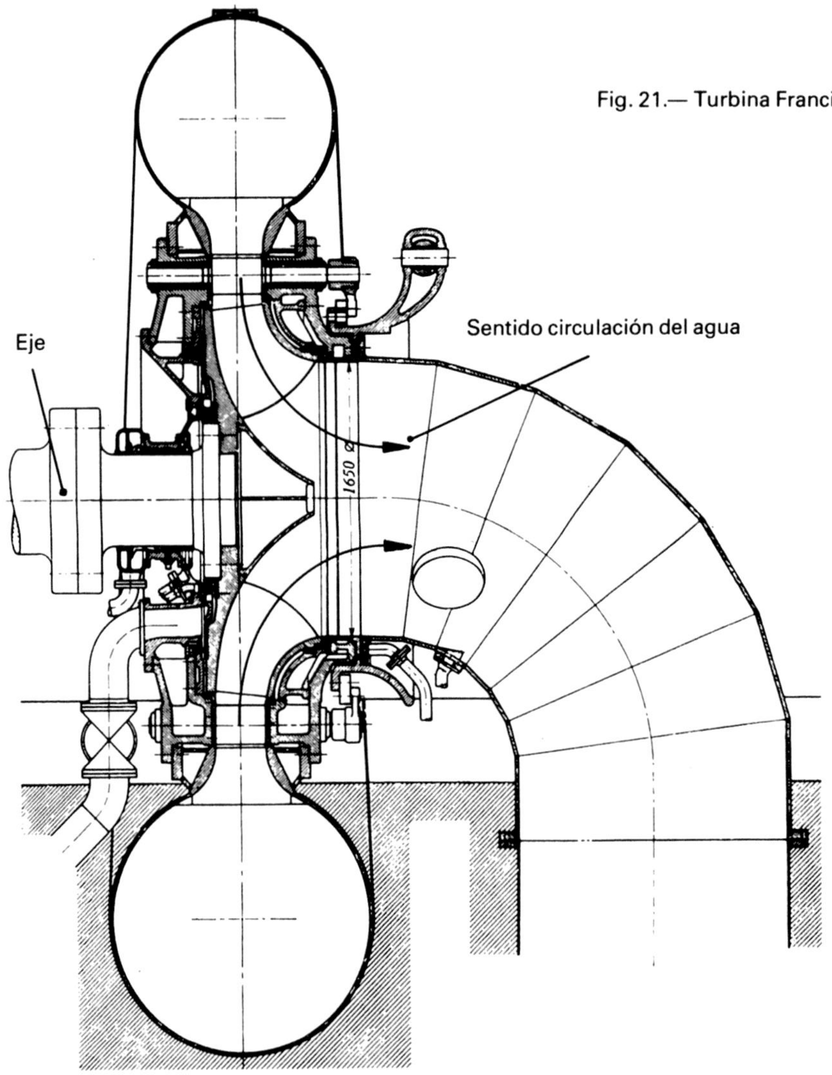

Fig. 21.— Turbina Francis de eje horizontal.

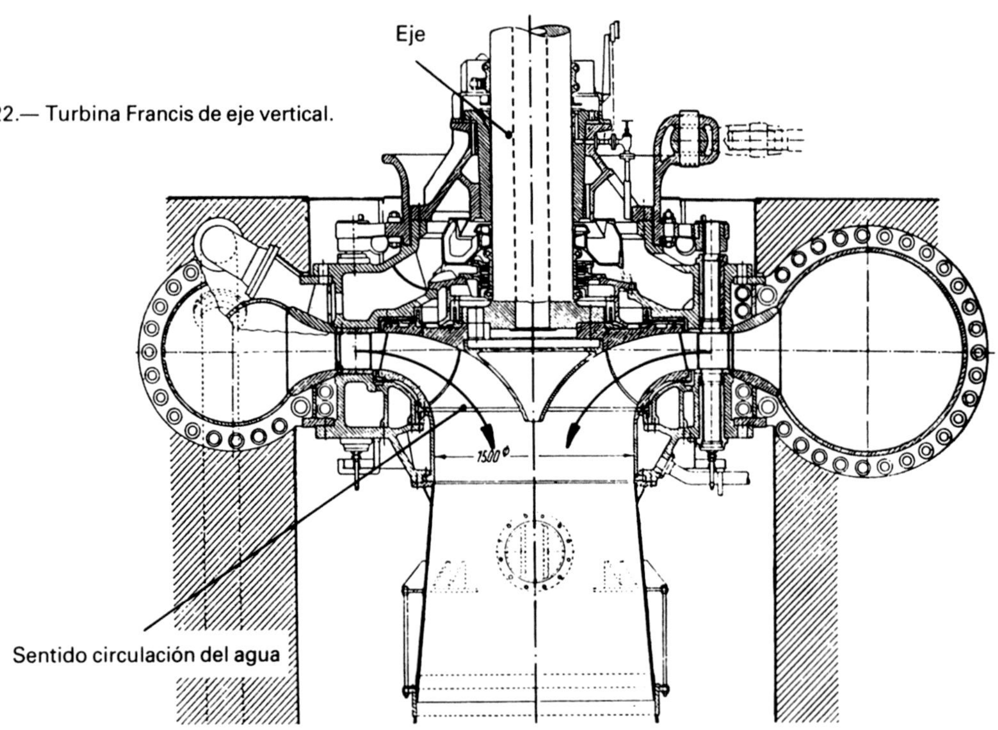

Fig. 22.— Turbina Francis de eje vertical.

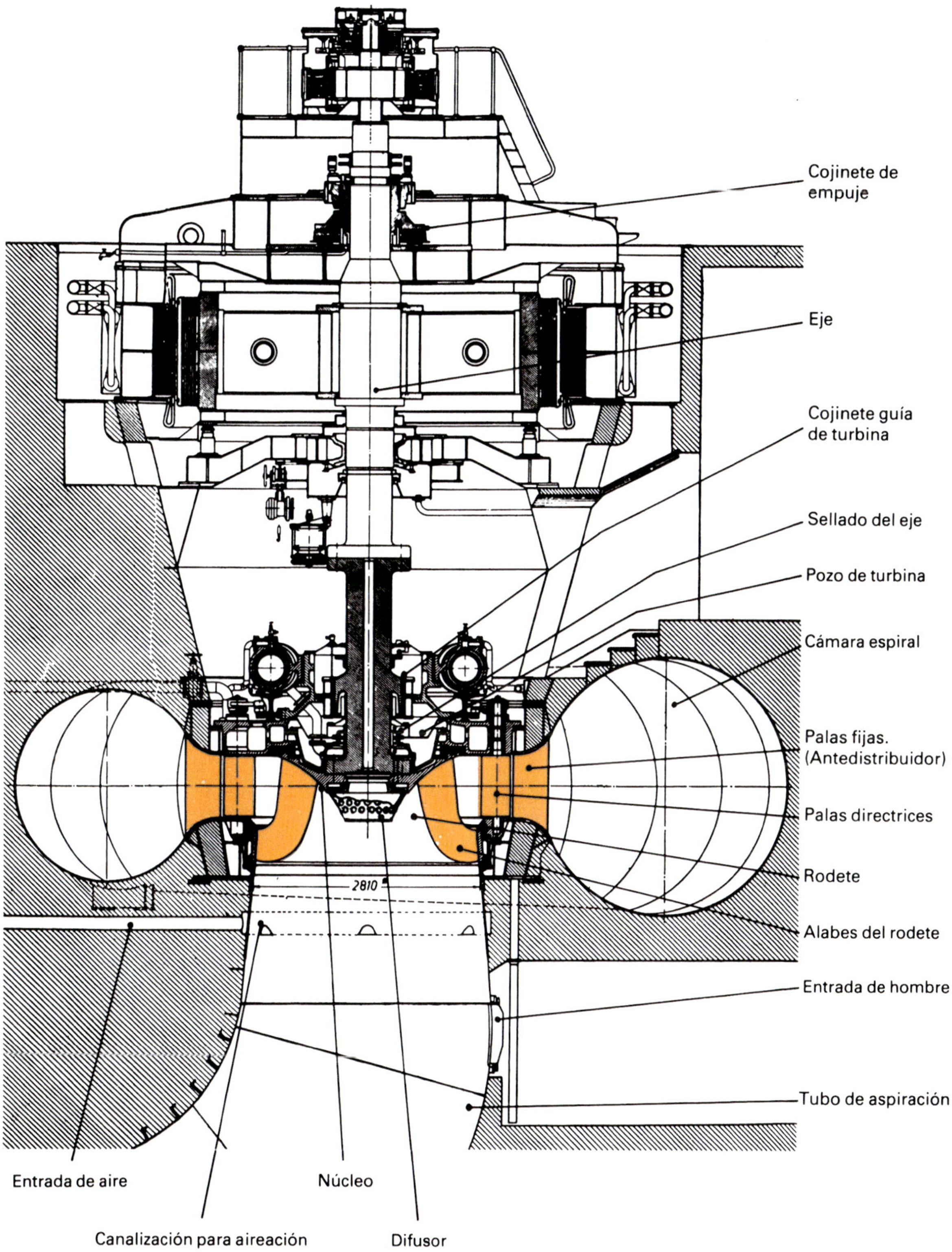

Fig. 23.— Componentes de una turbina Francis de eje vertical.

4.1.1. Cámara espiral de una turbina Francis

Aunque existen varios diseños de cámaras, nos referimos concretamente a cámaras espirales, por ser las de instalación más frecuente.

Está constituida por la unión sucesiva de una serie de virolas tronco-cónicas, cuyos ejes respectivos forman una espiral. Desde el acoplamiento con la tubería forzada, donde el diámetro interior de la virola correspondiente alcanza su valor máximo, la sección interior, circular en la mayoría de los casos, va decreciendo paulatinamente hasta la virola que realiza el cierre de la cámara sobre sí misma, cuyo diámetro interior se reduce considerablemente (fig. 24). Esta disposición se conoce como el **caracol** de la turbina, en el que, debido a su diseño, se consigue que el agua circule con velocidad aparentemente constante y sin formar torbellinos, evitándose pérdidas de carga.

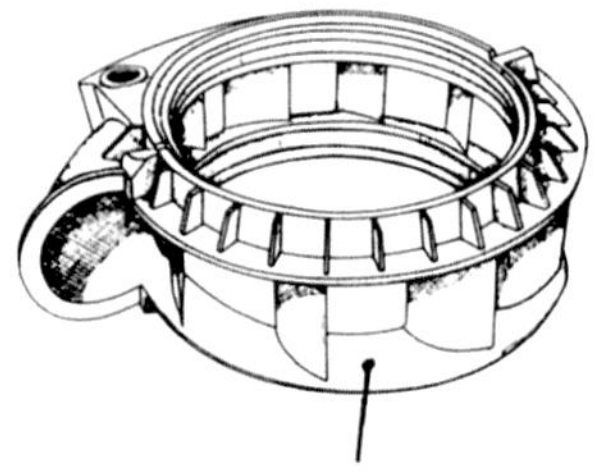

Fig. 24.— Cámara espiral de una turbina Francis.
Detalle del antedistribuidor.

Todo el conjunto; construido con chapas de acero unidas, actualmente, mediante soldadura; suele estar rígidamente sujeto en la obra de hormigón de la central, por sus zonas periféricas externas, consideradas como tales las alejadas del centro de la turbina. Antes de proceder al hormigonado exterior de la cámara, ésta se somete a presión con agua, a fin de descubrir posibles fugas por las uniones.

En la zona periférica interna, totalmente concéntrica con el eje de la turbina, y siguiendo planos paralelos, perpendiculares a dicho eje, se encuentra una abertura circular, formando un anillo, cuyos extremos están enlazados perpendicularmente por una sucesión de **palas fijas,** situadas equidistantemente unas de otras, a lo largo del contorno de la circunferencia descrita por dicho anillo, a través del cual, y por toda su periferia, fluirá el agua, cubriendo la totalidad de los orificios así formados. La zona mencionada, se suele denominar **antedistribuidor** o **anillo traviesa.** Ver detalle en figura 24.

Dada la curvatura y orientación de las palas fijas, se consigue que la proyección del agua salga dirigida casi radialmente, hacia el centro del espacio circular limitado por el anillo mencionado.

La cámara espiral contiene, entre otros accesorios, entradas de hombre para revisiones, tomas de agua para control de caudales y presiones, drenajes, etc.

4.1.2. Distribuidor de una turbina Francis

El distribuidor propiamente dicho, está formado por un determinado número de **palas móviles,** cuyo conjunto constituye un anillo que está situado concéntricamente y entre las mismas cotas en altura que el antedistribuidor, descrito al exponer la cámara espiral, siendo, en definitiva, camino continuado del agua en su recorrido hacia el centro de la turbina (fig. 23).

Su función es la de distribuir, y regular o cortar totalmente, el caudal de agua que fluye hacia el rodete.

Los elementos componentes más destacados del distribuidor son:

Palas directrices

Son las palas móviles a las que anteriormente se hacía referencia. También se las suele llamar **álabes directrices** o **directores.**

Cada una de ellas, al unísono con las demás, puede orientarse, dentro de ciertos límites, al girar su eje respectivo, pasando de la posición de cerrado total, cuando están solapadas unas palas sobre otras, a la de máxima apertura que corresponde al desplazamiento extremo, tendiendo a quedar en dirección radial y manteniendo, entre sí, una convergencia hacia el eje (fig. 25).

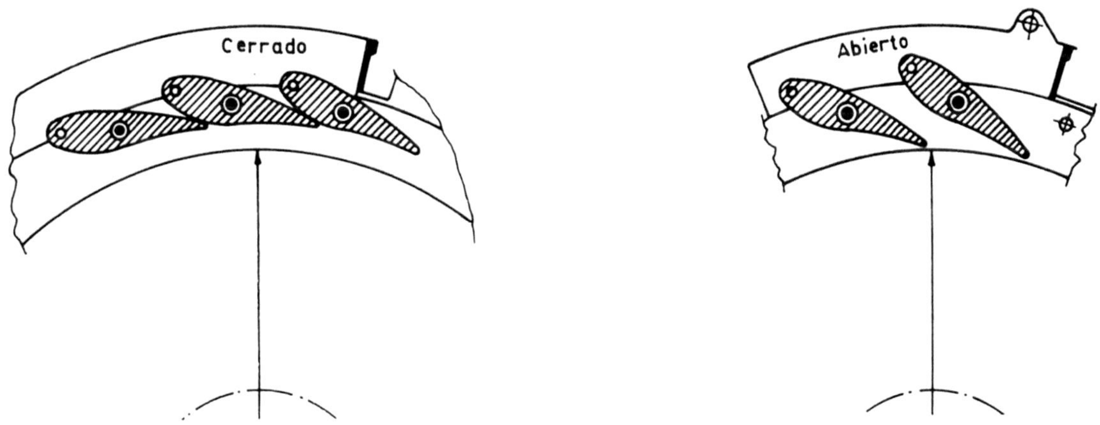

Fig. 25.— Detalles posiciones, cerrado o abierto, de las palas directrices del distribuidor.

Los ejes de las palas, a modo de generatrices del anillo que compone el distribuidor, están asentados por su parte inferior en cojinetes situados en una corona circular denominada **escudo inferior,** y guiados en su parte superior por cojinetes dispuestos en la llamada **tapa de turbina,** o en otra corona circular, **escudo superior.** Dichos cojinetes, conocidos como **cojinetes bocines,** disponen de un adecuado sistema de engrase (fig. 26). Este no es necesario cuando los cojinetes son de teflón.

Dado que cada pala ha de quedar perfectamente centrada axialmente, entre los escudos, se disponen mecanismos, de distinta índole, que permiten regular durante el montaje la suspensión de la misma; de modo que no existan rozamientos, ni holguras excesivas que puedan provocar pérdidas de carga.

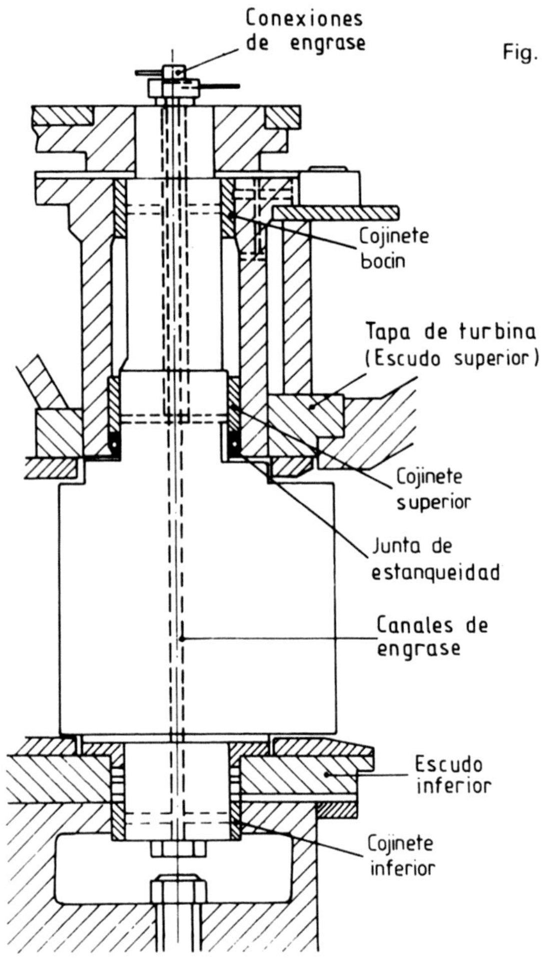

Fig. 26.— Situación de una pala directriz.

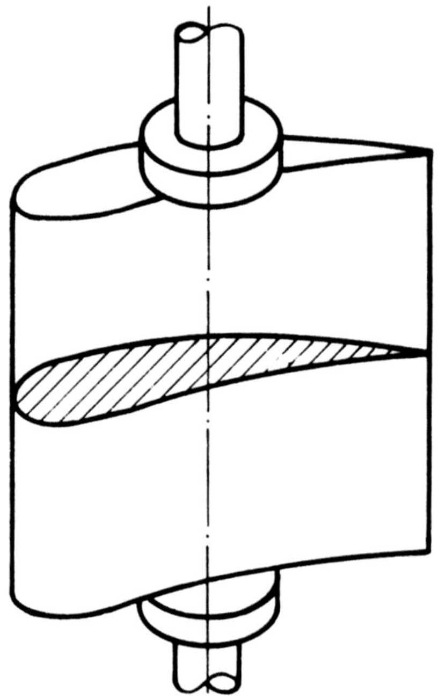

Fig. 27.— Configuración de una pala directriz.

En la parte superior de cada eje, se instalan juntas de estanqueidad, para evitar el paso de agua.

Todas las palas directrices, cuyo número oscila aproximadamente entre 12 para las turbinas pequeñas y 24 para las grandes, son exactamente iguales y conservan entre sí idénticas posiciones respecto al eje de turbina. Las generatrices de cada pala, paralelas al eje de giro pero no concéntricas con él, desarrollan formas de configuración cilíndrica, cuya sección es similar a la representada en la figura 27.

Equipo de accionamiento de palas directrices

Se trata de un conjunto de dispositivos mecánicos, a base de servomecanismos, palancas y bielas, que constituyen el equipo de regulación de la turbina, gobernado por el regulador de velocidad.

Aunque todo lo concerniente con la regulación se tratará oportunamente, nos detenemos a considerar en este apartado ciertos detalles sobre determinados componentes de dicho equipo, de los cuales destacan:

Servomotores

Normalmente son dos, cada uno de los cuales, accionado por aceite a presión según órdenes recibidas del regulador, desplaza una gran biela, en sentido inverso una respecto de la otra, a modo de brazos de un par de fuerzas, proporcionando un movimiento de giro alternativo a un aro móvil, llamado **anillo** o **volante de distribución,** concéntrico con el eje de la turbina (fig. 28).

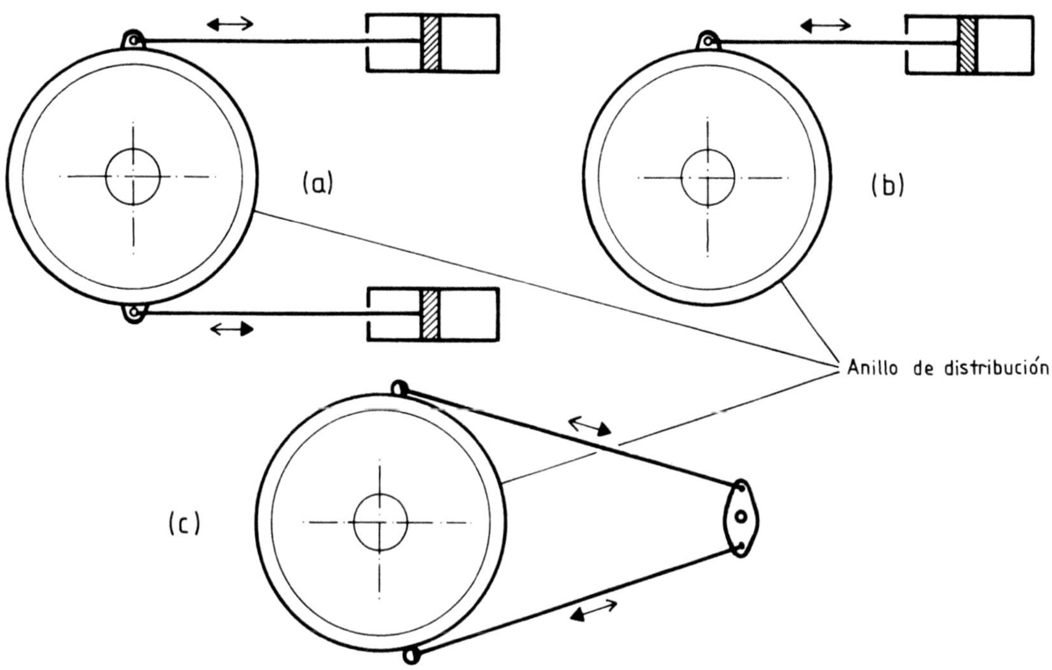

Fig. 28.— Esquemas del accionamiento del anillo de distribución.
(a).— por dos servomotores; (b) y (c).— por un servomotor.

Anillo de distribución

Con sus movimientos, en sentido de apertura o cierre total o parcial, hace girar a todas y cada una de las palas directrices, por medio de palancas de unión entre éste y la parte superior de cada uno de los ejes respectivos de aquellas. El giro conjunto y uniforme de las palas directrices, permite variar la sección de paso de agua a través del distribuidor (fig. 29).

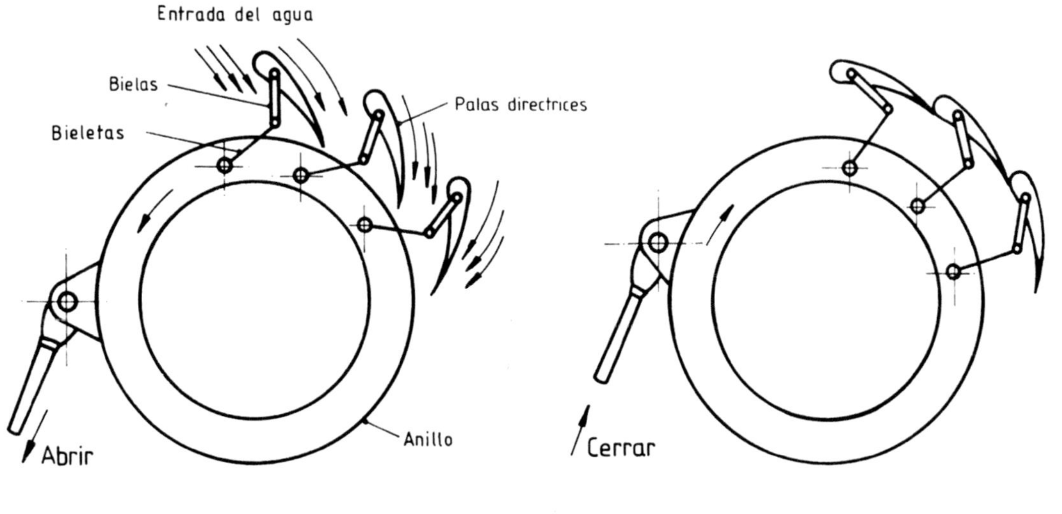

Fig. 29.— Accionamiento de las palas directrices con el anillo de distribución.
(Este puede ser interior o exterior, respecto a la circunferencia descrita por las palas directrices).

Las palancas mencionadas reciben los nombres de **bieletas** y **bielas,** según el sentido desde el anillo de distribución hacia las palas directrices.

Bielas y bieletas

La conexión entre la bieleta correspondiente, ligada al anillo, y el eje de la pala directriz respectiva, se realiza mediante una biela formada, en ocasiones, por dos piezas superpuestas adecuadamente, o disposición similar, en cuyo caso, el punto común de enlace entre las mismas puede ser un bulón que, además, hace la función de **fusible mecánico.** La unión rígida de cada biela con el eje de la pala dependiente, se consigue mediante varias chavetas (fig. 30).

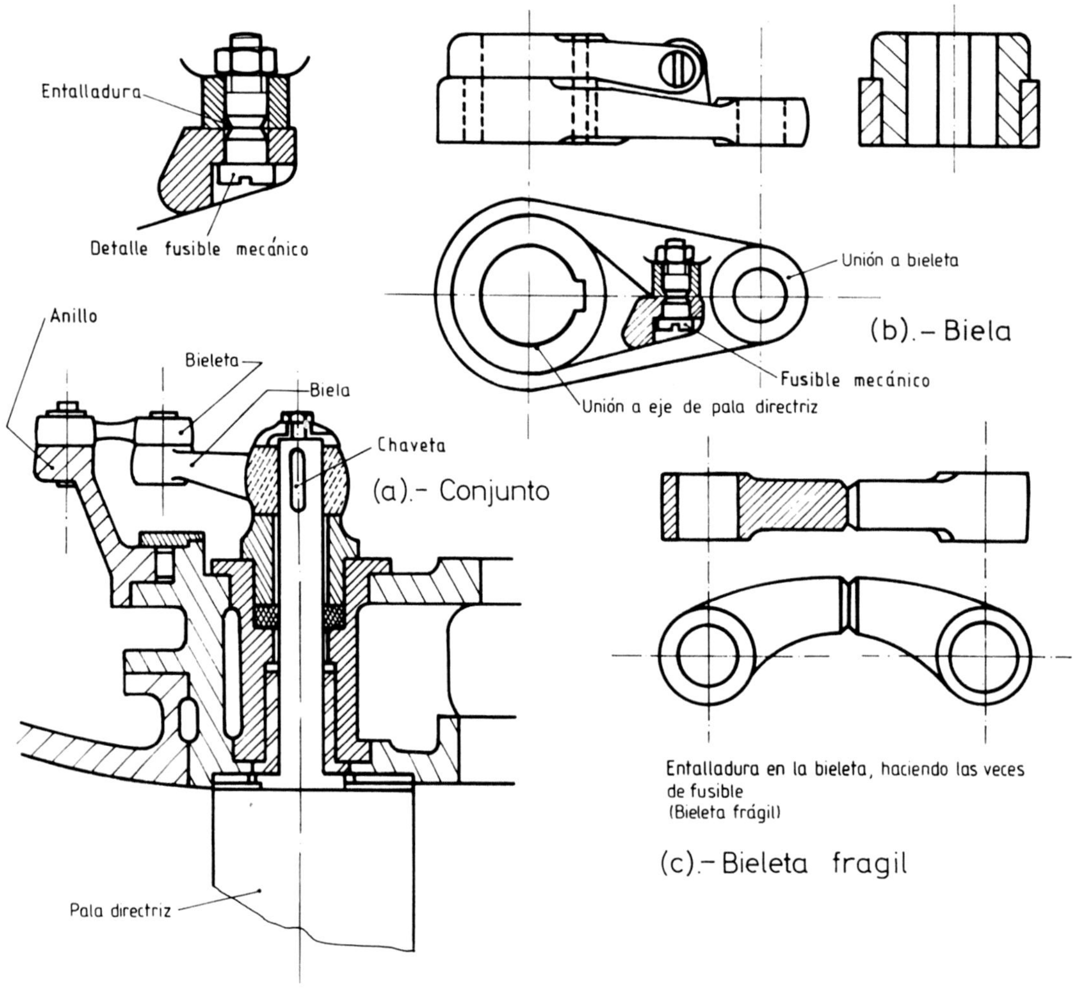

Fig. 30.— Elementos de accionamiento de las palas directrices.

Fusibles mecánicos

Se trata del bulón colocado en cada juego de bielas, en el que está convenientemente mecanizada una entalladura (fig. 30 b), al objeto de que pueda romper fácilmente y, con ello, dejar sin control a la pala afectada, en caso de que la misma presione sobre algún cuerpo extraño, que pudiera ser arrastrado por el agua, con lo que se evitan posibles daños mayores. Dichos fusibles deben de estar engrasados para facilitar su extracción en caso de rotura.

Los mismos efectos se logran dotando de entalladuras a las propias bieletas, por lo que se conocen como **bieletas frágiles** (fig. 30 c).

Para la transmisión de los esfuerzos del anillo de distribución a las palas directrices, actualmente se tiende a sustituir los fusibles mecánicos y las bieletas frágiles por **embragues de fricción,** ajustados a una presión de trabajo dada.

Se tiende a sustituir, el conjunto descrito de servomotores, brazos, anillo de distribución, bielas, etc., por servomecanismos instalados individualmente para cada una de las palas directrices, todos ellos gobernados por el regulador de velocidad.

Equipos de engrase

Las zonas metálicas sometidas a fricción, especialmente los cojinetes de las palas directrices, bieletas, bielas, etc., están debidamente engrasadas, mediante un equipo, automático o manual, dispuesto al efecto, el cual actúa a intervalos regulares.

4.1.3. Rodete de una turbina Francis

Se trata de la pieza fundamental donde se obtiene la energía mecánica deseada, como decíamos al mencionar el rodete de la turbina Pelton. No obstante, las diferencias constructivas entre ambos son bastante considerables.

Está unido rígidamente a la parte inferior del eje de la turbina, en situación perfectamente concéntrica con el distribuidor, ocupando el espacio circular que éste delimita (fig. 23).

Consta de un núcleo central, alrededor del cual se encuentra dispuesto un número determinado de palas de superficie alabeada, aproximadamente entre 12 y 21, equidistantemente repartidas y solidarias al mismo, formando pieza única en bloque por fundición o soldadura, es decir, sin uniones ni fijaciones accesorias. Las palas están unidas entre sí, por su parte externa inferior, mediante una llanta o banda que hace cuerpo con las mismas. Unos anillos de acero, **anillos intersticiales,** colocados a presión sobre el núcleo y la llanta, perfectamente centrados, realizan el cierre hidráulico al girar muy próximos a los escudos superior e inferior respectivamente (fig. 31).

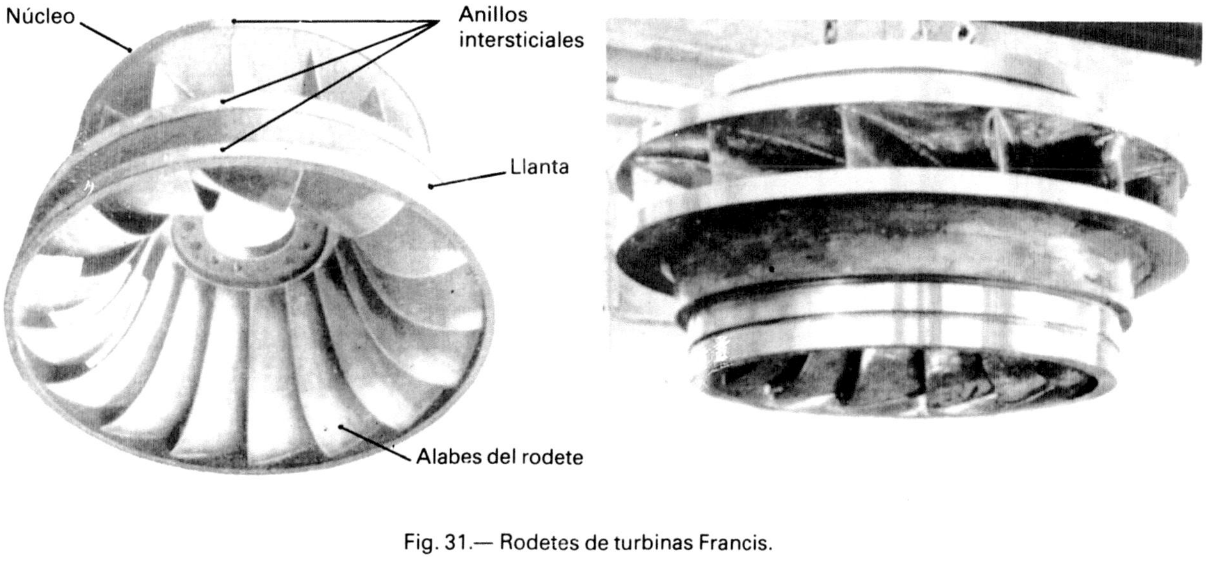

Fig. 31.— Rodetes de turbinas Francis.

Dichas palas, construidas de bronce o de aceros especialmente aleados, para evitar corrosiones y cavitaciones, reciben el nombre de **álabes del rodete,** cuya longitud y mayor o menor inclinación, respecto al eje de la turbina, depende del caudal, de la altura del salto y, en consecuencia por diseño, de la velocidad específica, según se expondrá en el apartado 9.10.

Experimentalmente, se ha establecido que el número de álabes del rodete debe de ser diferente al de álabes directrices, ya que, en caso contrario, se producirían vibraciones al coincidir en el espacio ambos conjuntos de álabes. El número de álabes del distribuidor suele ser primo, respecto al de álabes del rodete.

Un destacado componente del rodete es el:

Difusor

También denominado **punta de rueda,** y **cono deflector** o **de dispersión.** Consta de un cuerpo metálico, de forma tronco-cónica, colocado en posición invertida, con la base mayor hacia la parte inferior del eje, a modo de prolongación de éste (fig. 23).

Su función consiste en dirigir las masas de agua que salen a través de los álabes del rodete, evitando choques de las mismas entre sí y contra los propios álabes, lo que podría originar torbellinos y otros efectos hidráulicos perjudiciales, que repercutirían desfavorablemente en el rendimiento de la máquina y en su conservación.

4.1.4. Tubo de aspiración de una turbina Francis

Recibe otros nombres, tales como **hidrocono, difusor,** etc. Consiste en una conducción, normalmente acodada, que une la turbina propiamente dicha con el canal de desagüe. Tiene como misión recuperar al máximo la energía cinética del agua a la salida del rodete o, dicho de otra forma, aprovechar el salto existente entre la superficie libre del agua y la salida del rodete (fig. 32).

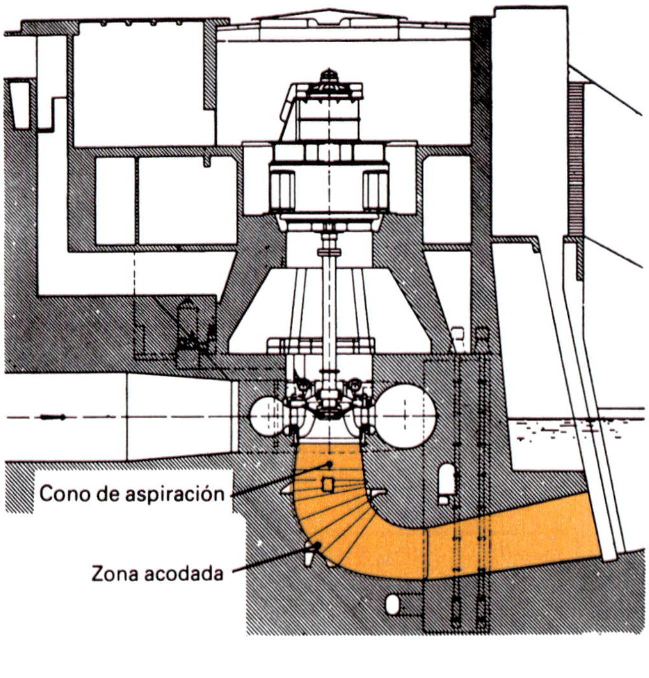

Fig. 32.— Situación del tubo de aspiración en una turbina Francis de eje vertical.

En su inicio, partiendo de la unión circular con la turbina, se trata de un conducto metálico que, en la mayoría de los casos, va aumentando gradualmente de diámetro, tomando forma tronco-cónica, tramo conocido como **cono de aspiración.** Sobre el mismo se dispone, lateralmente, de una o dos entradas de hombre (fig. 23), opuestas en el segundo caso, a fin de poder realizar revisiones, trabajos, etc.

Sigue a continuación la zona acodada de la conducción, metálica o de hormigón, la cual, una vez rebasado el ángulo correspondiente, continúa con sección circular o puede hacer una transición a sección rectangular, en cuyo caso, la conducción es de hormigón hasta el final de la misma. En la parte inferior del codo, se dispone de colectores con rejillas para vaciado del tubo de aspiración.

Todas las partes metálicas están embebidas en la obra de hormigón de la central. Se construyen de acero especialmente aleado aquellas zonas que se prevén estarán sometidas a efectos de cavitación.

En algunas turbinas, para conseguir un equilibrio de presiones, entre la parte inferior y superior del rodete, se establece una comunicación, entre ambas zonas, por medio de un conducto que, partiendo del cono de aspiración, permite el paso de agua. En dicho conducto se suele colocar una válvula conocida como **válvula de compensación.**

Dependiendo de instalaciones, y en el lugar adecuado del desagüe de cada turbina, se encuentra instalado el dispositivo de obturación, generalmente a base de válvulas y/o ataguías, a fin de poder llevar a efecto revisiones en el grupo. El cierre del conducto de desagüe por medio de válvulas, normalmente del tipo de compuerta o mariposa, es característico de grupos que están expuestos a una posible inundación, por encontrarse a un nivel inferior respecto al del agua en el cauce de salida.

Para diversos tipos de tubos de aspiración ver figura 33 y 33 bis.

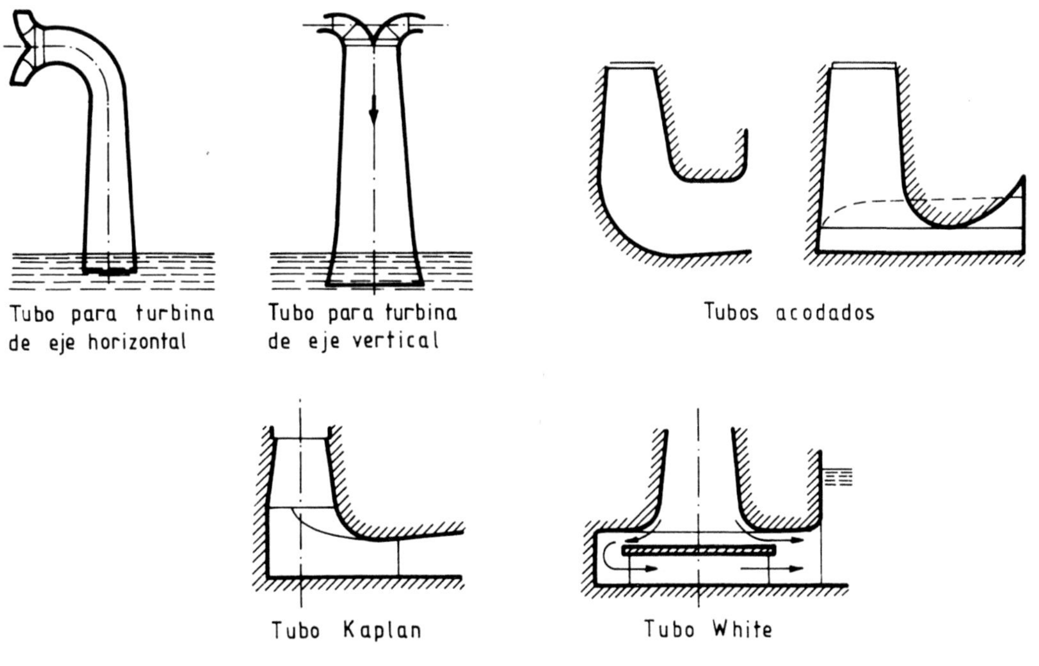

Fig. 33.— Diversos tipos de tubos de aspiración.

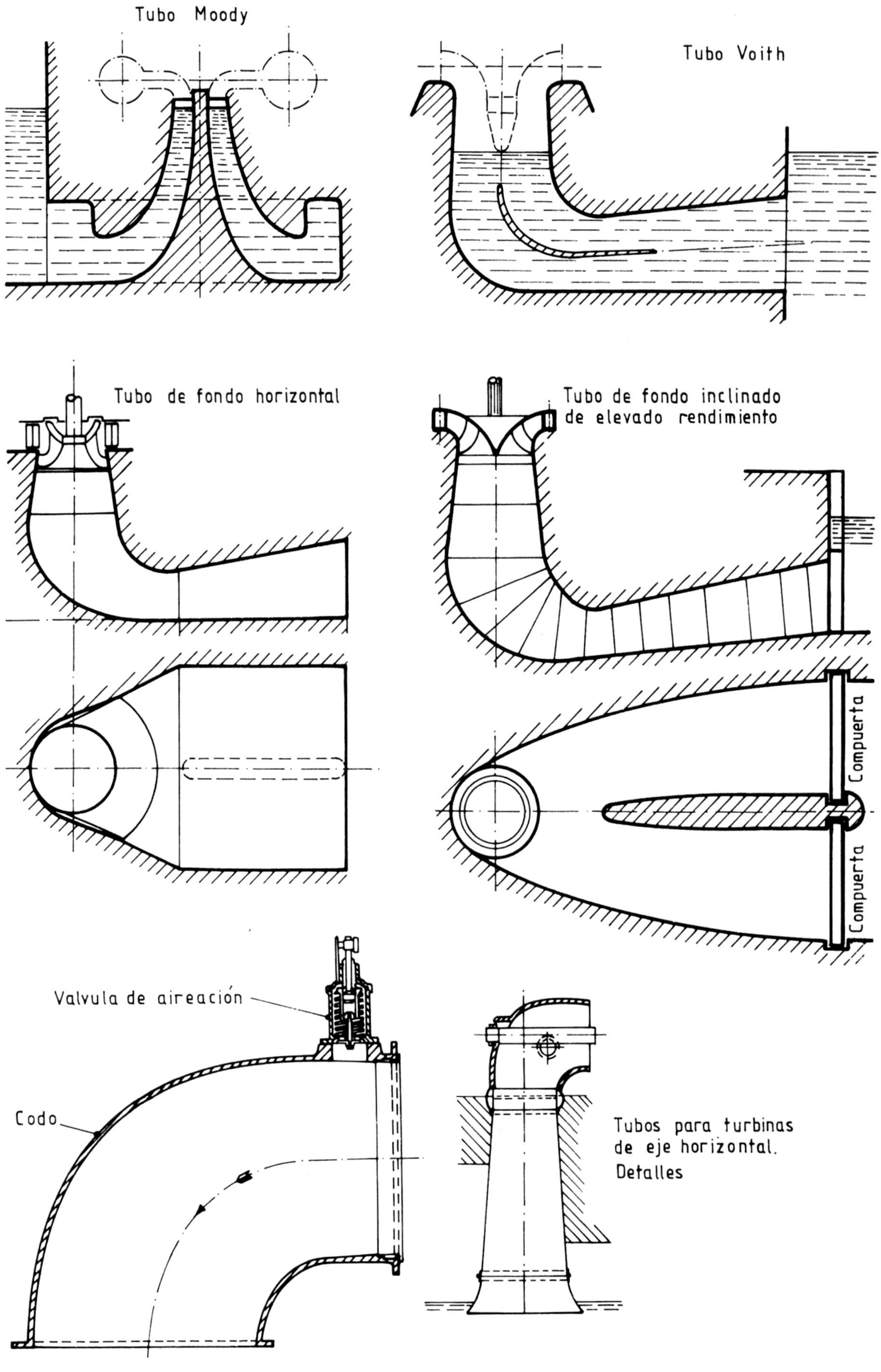

Fig. 33 bis.— Diversos tipos de tubos de aspiración.

4.1.5. Eje de una turbina Francis

El eje de un grupo tiene ciertas peculiaridades cuando se encuentra instalado en posición vertical. Por medio del eje de turbina, al estar rígidamente unido mediante acoplamiento al eje del alternador, se transmite al rotor de éste el movimiento de rotación necesario. Ahora bien, en este tipo de turbinas, es en la zona de eje correspondiente al alternador donde se suele disponer el medio para soportar todo el peso del conjunto, formado por ejes, rotor, rodete y empuje del agua sobre los álabes de este último. Tal medio, es el denominado **cojinete de empuje,** del cual nos ocuparemos oportunamente.

Además del cojinete de empuje, el eje completo del grupo, dispone de hasta tres **cojinetes guías.** Dos de ellos están situados en la zona del alternador, y un tercero en la zona de turbina, al cual nos referiremos en breve.

En determinados grupos, y por características constructivas de los mismos referidas a condiciones de peso y sustentación, o aireación del rodete, el eje es hueco en su totalidad.

Aireación de rodetes Francis

La conducción formada en los ejes huecos, permite la circulación de una corriente de aire hacia el interior del rodete y el tubo de aspiración, al objeto de evitar efectos de vacío, que serían perjudiciales para éstos y otros elementos de la turbina. La salida del aire se efectúa a través de orificios practicados en el difusor (fig. 23).

Para evitar un posible paso de agua a la zona de ubicación del alternador, a través del eje, se instala, en el extremo superior de éste o en el propio difusor, una válvula, denominada **válvula de aireación.** Dicha válvula, en función de la carga solicitada a la máquina, controla automáticamente el paso de aire hasta la parte inferior del rodete, cuando se produce un fuerte efecto de succión, debido a la velocidad adquirida por el agua en el tubo de aspiración, en su camino hacia el canal de desagüe.

Cuando el eje es macizo, o se necesitan mayores aportaciones de aire, la aireación se obtiene o se incrementa bien a través de una canalización que bordea circunferencialmente al cono de aspiración (fig. 23), o mediante un tubo con perforaciones equidistantemente repartidas en su periferia (procedimiento ya en desuso), que atravesando diametralmente a dicho cono, por debajo del rodete, comunica con la atmósfera exterior. La entrada de aire a dichos conductos, también puede estar dotada de la correspondiente válvula de aireación.

En el caso de turbinas de eje horizontal, que necesitan aireación, la válvula para tal fin se sitúa, generalmente, sobre la parte superior del codo del tubo de aspiración. Ver detalle en figura 33 bis.

4.1.6. Equipo de sellado del eje de una turbina Francis

Como su nombre indica, está destinado a sellar, en definitiva, a cerrar e impedir el paso de agua que pudiera fluir desde el rodete hacia el exterior de la turbina, por el espacio existente entre la tapa de la misma y el eje.

En esencia consta de una serie de aros formados por juntas, bien de carbón, de material sintético o grafitadas, etc., presionadas, sobre un casquillo o collarín solidario con el eje, por medio de muelles de acero inoxidable o servomecanismos convenientemente distribuidos alrededor de la periferia del mismo. Se conoce como **junta del eje** o **junta de carbones** (fig. 34). Según sean las características constructivas de cada turbina, la junta puede estar diseñada para trabajar radial o axialmente.

Una serie de aros concéntricos, radial o axialmente, alternos entre la parte giratoria y fija, contribuyen eficazmente al cierre hidráulico. Constituyen los denominados **laberintos,** que también se suelen disponer en zonas de llanta y núcleo del rodete.

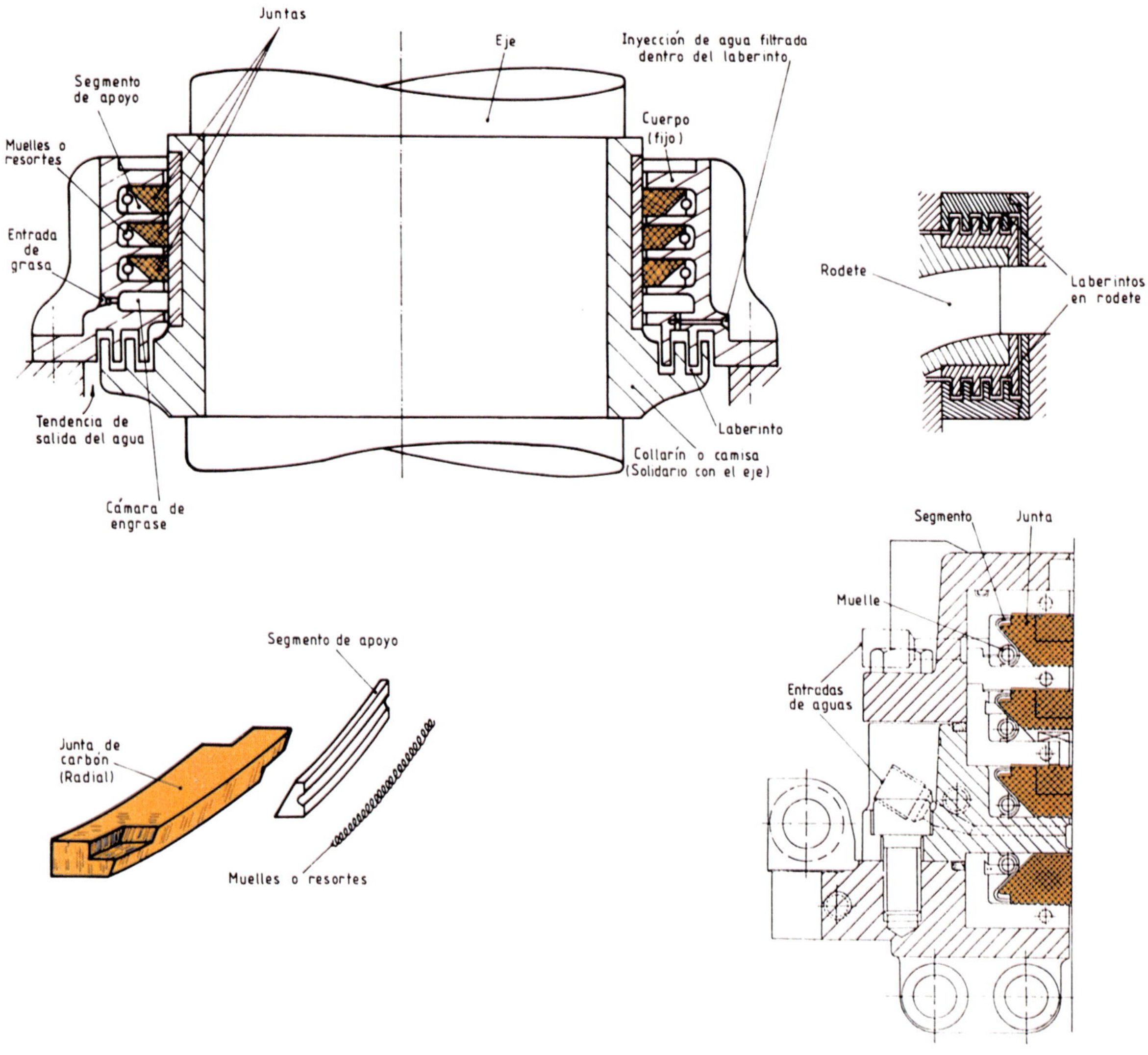

Fig. 34.— Sellado del eje de una turbina.
Detalles de laberintos en el rodete.

Dispone de un sistema de agua filtrada para refrigeración de las juntas, suministrada a mayor presión que la que posee el agua en la zona del rodete. Este agua de refrigeración, una vez cumplida su doble misión; refrigerar, evitando el calentamiento y rápido desgaste de las juntas, así como anular o reducir el paso de agua del rodete; y mediante la acción de bombas o hidroeyectores instalados en la zona conocida como **pozo de turbina** (fig. 23), es conducida por colectores al pozo de bombas, donde confluyen los drenajes de la instalación.

En turbinas modernas, instaladas por debajo de la cota de salida del agua, en dirección aguas abajo, se dispone de una junta inferior de goma, hinchable, razón por la que se denomina **junta hinchable,** a la cual, solamente cuando el grupo está parado, se le inyecta aire a presión. Con ello se eliminan las fugas de agua, en tal situación del grupo, pudiendo, en determinadas condiciones, facilitar la labor de cambiar juntas desgastadas.

4.1.7. Cojinete guía de una turbina Francis

Está situado lo más cerca posible del rodete, sobre la tapa superior de turbina, inmediatamente por encima del cierre estanco o sellado del eje (fig. 23).

Consta de un anillo dividido radialmente en dos mitades o bien de una serie de segmentos, que asientan con perfecto ajuste sobre el eje. Las superficies en contacto con éste, están recubiertas de metal blanco, antifricción (aleación a base de estaño, antimonio, cobre, plomo, cadmio, etc., en distintos porcentajes), y suelen tener tallados, vertical o diagonalmente, unos canales sobre la superficie de contacto con el eje, para favorecer la circulación de aceite y así lograr su autolubricación.

Al objeto de que no se produzcan temperaturas anormales en la zona de fricción con el eje, el aceite, alojado en una **cuba** que rodea al cojinete, es refrigerado convenientemente mediante agua, tomada normalmente de los colectores pertenecientes al sistema general de refrigeración de los distintos equipos de la central. El enfriamiento del aceite también se logra por medio de aire.

Para más detalles ver figura 35 (a) y (b).

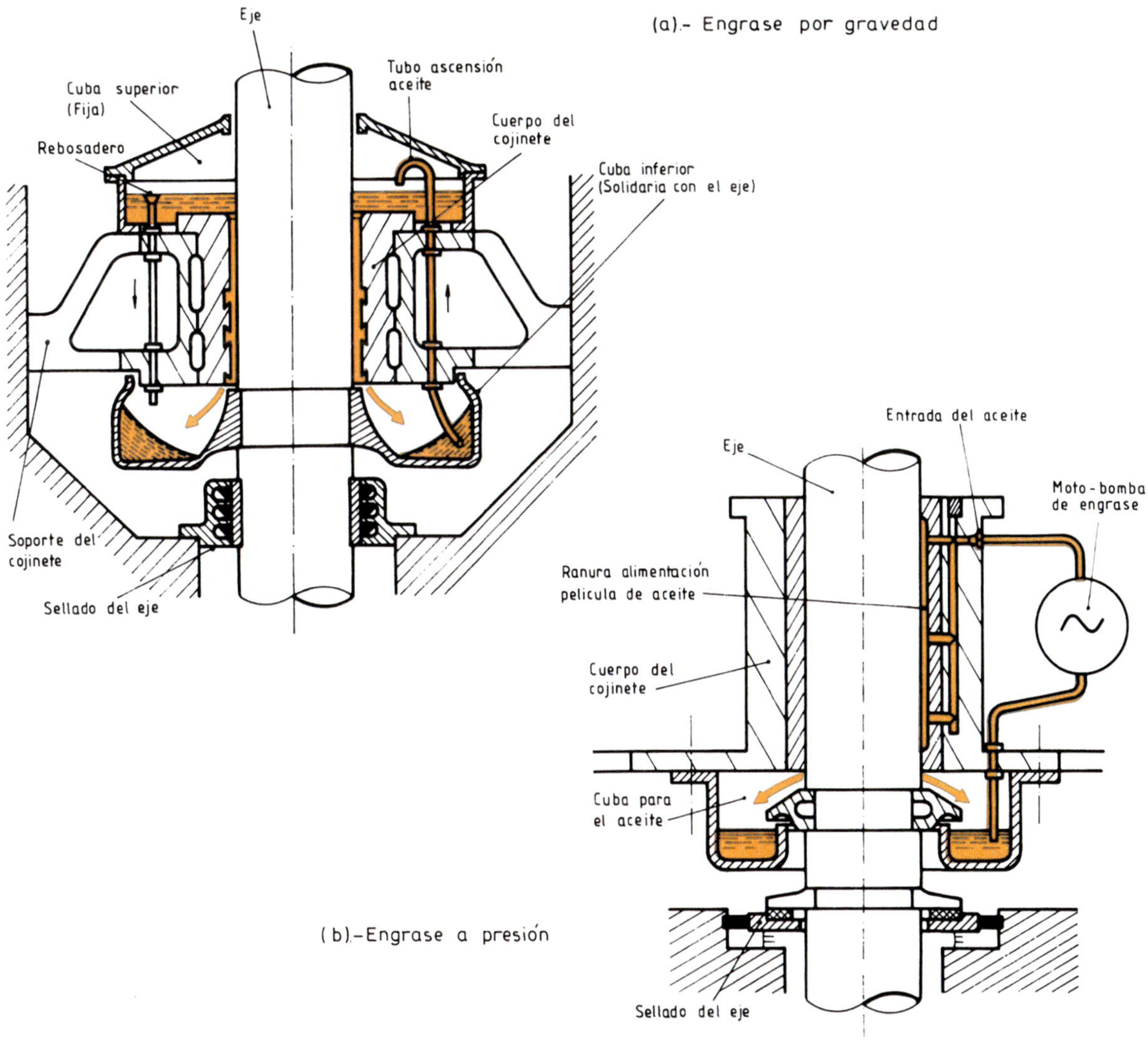

Fig. 35.— Sistemas de lubricación de cojinetes guías.

4.1.8. Cojinete de empuje

Este elemento, conocido también como **soporte de suspensión, pivote, rangua** o **quicio,** característico y necesario en todos los grupos de eje vertical, hemos de considerarlo como un componente propio de dichos grupos en sí y no de las turbinas hidráulicas que responden a tales condiciones de instalación.

Su situación, respecto al eje del grupo, varía según los tipos de turbinas. Así, en el caso de grupos accionados por turbinas Pelton o Francis, dicho cojinete suele encontrarse por encima del rotor del alternador, mientras que, en el caso de turbinas Kaplan, puede estar localizado por debajo del mismo.

Como más significativos, citaremos los siguientes tipos de cojinetes de empuje:

— Cojinete de empuje de zapatas rígidas.
— Cojinete de empuje de zapatas pivotantes.
— Cojinete de empuje de resortes.
— Cojinete de empuje esférico.

En todos ellos, destinados a soportar esfuerzos axiales, destacan dos partes cuyas funciones son comunes. Así tenemos, para cada cojinete, la parte giratoria, totalmente solidaria con el eje del grupo, la cual descansa sobre la parte fija, enclavada en zonas inmóviles de la estructura rígida, próximas al eje, como son puentes, etc. (fig. 36).

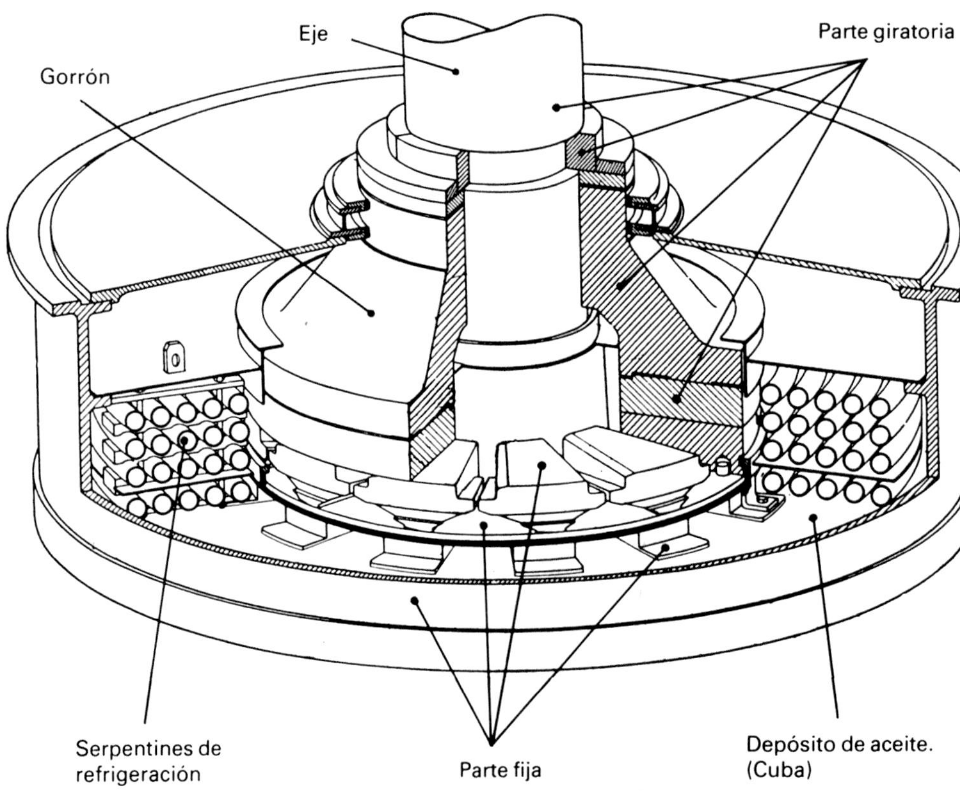

Fig. 36.— Cojinete de empuje.

La parte giratoria consta, entre otras, de una pieza de fundición especial y forma anular, cuya superficie plana en contacto con la parte fija está perfectamente pulimentada. Debido a estos aspectos constructivos, se denomina **espejo, plato de fricción, collar** o **corona** (fig. 37). El espejo está unido al **gorrón,** pieza que se encaja rígidamente en el eje.

La parte fija está constituida, esencialmente, por un número determinado de zapatas o segmentos, conocidos como **patines,** en los que la superficie en contacto con el plato de fricción se encuentra revestida de metal blanco. Dichas zapatas pueden estar montadas rígidamente o, por el contrario, disponer de movimientos radiales, tangenciales y axiales, los cuales se consiguen mediante pivotes, rótulas o resortes situados adecuadamente, lográndose con tales oscilaciones una mejor adaptación entre las superficies en fricción (fig. 37).

(1)

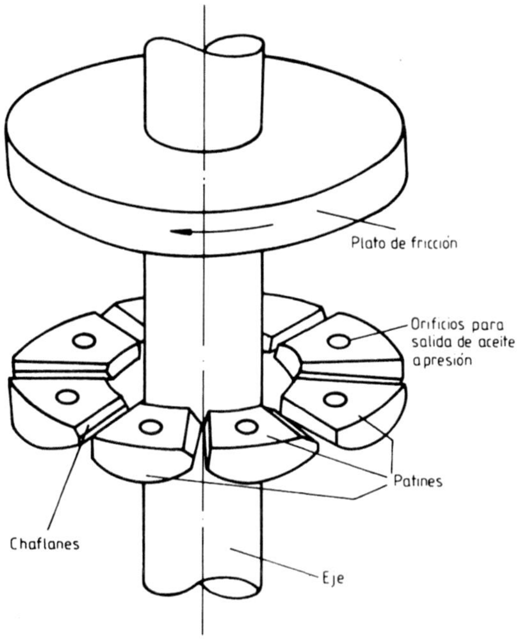

Fig. 37.— Espejo y patines de un cojinete de empuje. Representación esquemática.

La mayoría de los cojinetes de empuje, especialmente los de grandes grupos, además de estar sumergidos en un depósito de aceite, cuba, disponen de un sistema de aceite a presión, a fin de favorecer la lubricación total de las piezas sometidas a fricción, desde el instante, o antes, de que el grupo comienza a girar, con lo que se logra la formación de una capa o película de aceite que soporta la carga total. Dicha película, de poquísimo espesor (milésimas de milímetro), ha de mantenerse desde el momento de arranque del grupo hasta la parada total del mismo. Cuando éste adquiere una velocidad predeterminada, aproximadamente el 30% de la normal de funcionamiento, el sistema de aceite a presión queda desconectado, manteniéndose la capa de lubricación como consecuencia del baño de aceite que cubre las zonas en contacto, entrando nuevamente en servicio cuando, por parada del grupo, la velocidad de éste se reduce al valor mencionado.

(1) Hacemos notar el valor didáctico en todos sus aspectos, incluso lo referente al incumplimiento de NORMAS DE SEGURIDAD por parte del operario.

En la figura 38, se muestra, esquemáticamente, un sistema de aceite a presión.

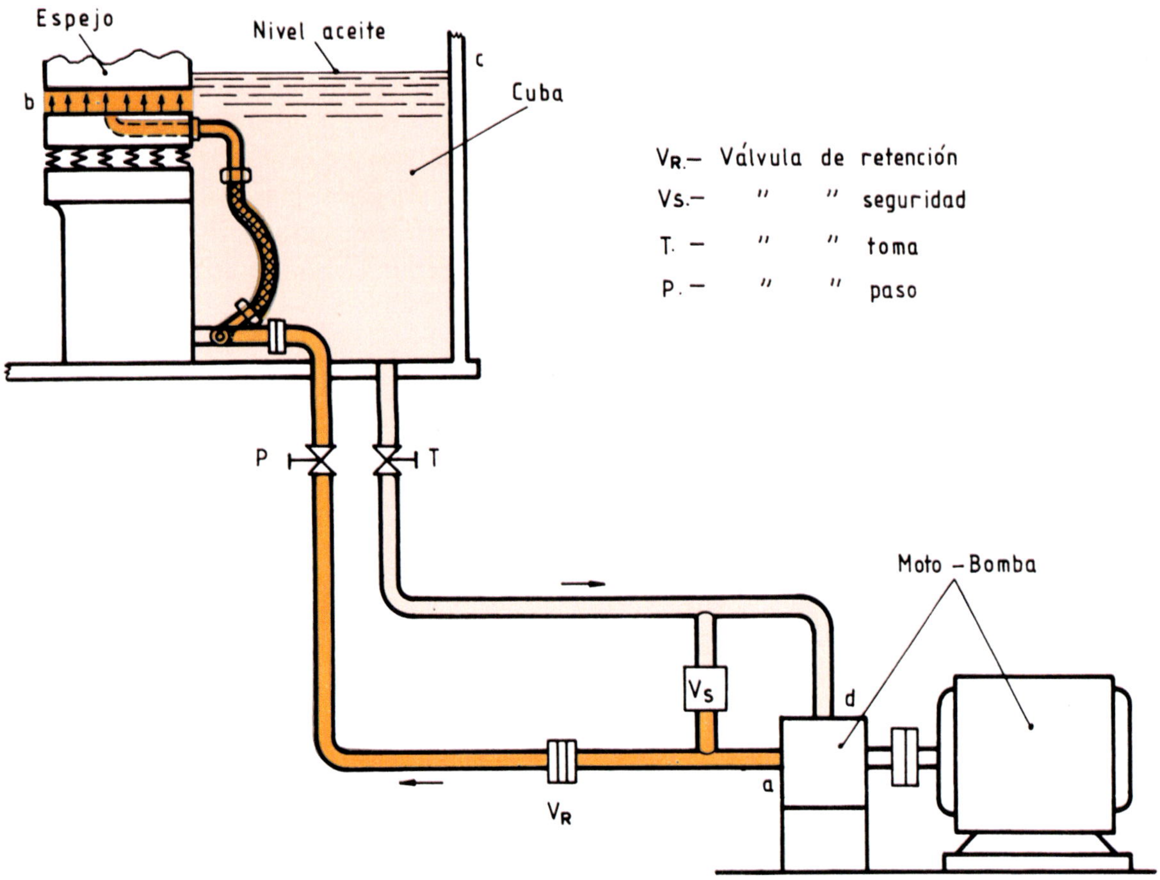

Fig. 38.— Sistema de aceite a presión para cojinetes de empuje.

Para facilitar el libre paso de aceite a presión, los segmentos disponen de unos orificios centrales, suficientemente abocardados, perpendiculares al plato de fricción, que reciben el aceite antes de ponerse a girar la turbina. Así mismo, en las superficies antifricción de dichos segmentos, suelen existir chaflanes y surcos radiales que permiten la penetración, entre las superficies en contacto, del aceite depositado en la cuba, debido a un efecto hidrodinámico de arrastre de partículas de aceite y de presión (fig. 37).

Dado que el aceite debe de mantener unos valores de temperatura y viscosidad entre unos límites adecuados, es necesario refrigerarlo convenientemente. La refrigeración se puede efectuar por dos procedimientos distintos.

El primero, consiste en hacer circular agua a través de serpentines instalados en el interior del propio depósito de aceite (fig. 39), en el cual se encuentra sumergido el cojinete; con este sistema, se corre el peligro de que, por una fuga en los serpentines de agua, ésta pase hacia el aceite, lo que ocasionaría graves daños al cojinete. Para evitar lo anterior, se recurre a otro procedimiento, consistente en hacer pasar el aceite a través de serpentines instalados en refrigeradores de agua situados en el exterior del depósito de aceite, el cual, impulsado por una bomba, circula a una presión mayor que el agua, con lo que, ante una perforación de serpentines, se evita el paso de agua al circuito de aceite.

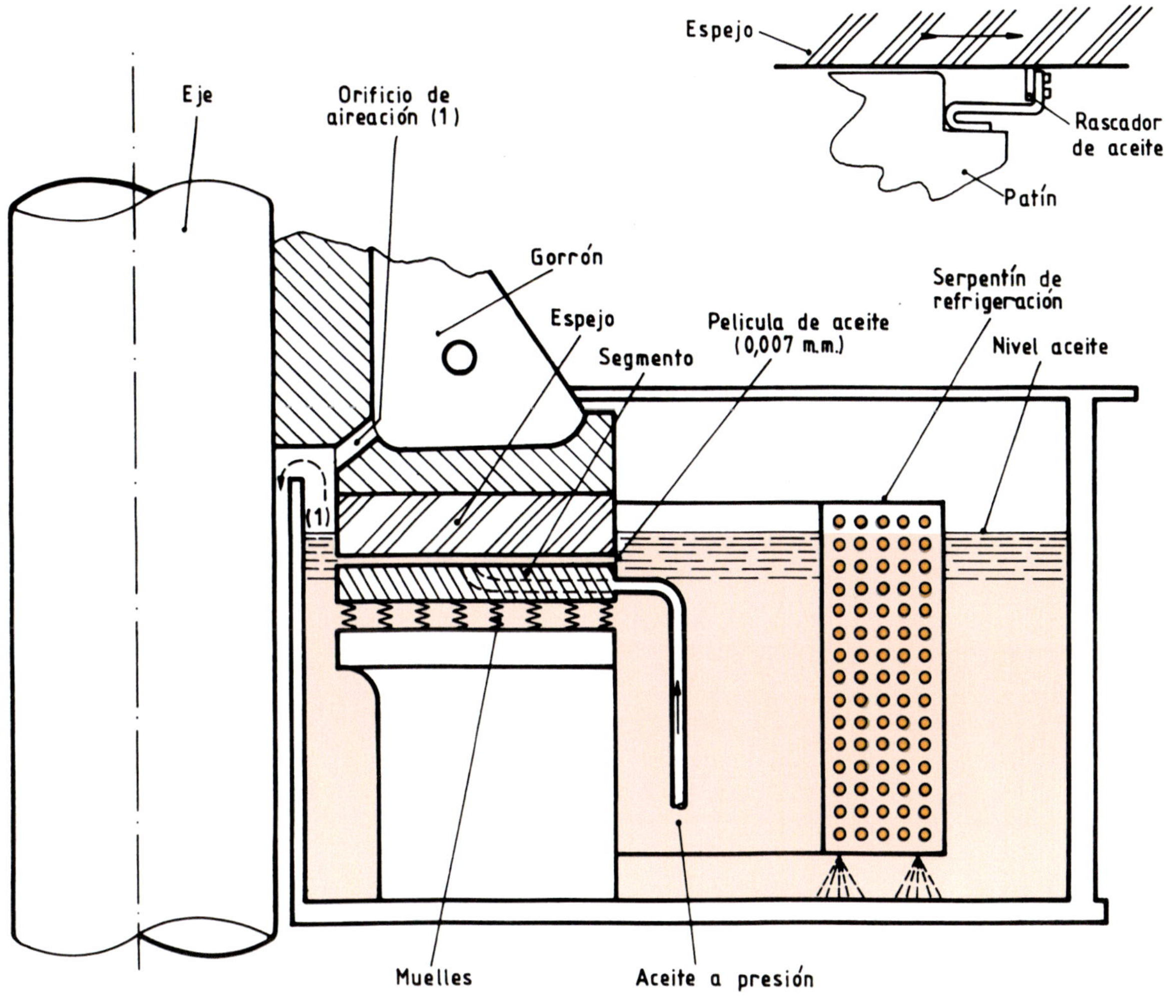

(1).— Evita salida de aceite entre el eje y la cuba, caso de producirse efecto de vacío.

Fig. 39.— Situación del serpentín de refrigeración del aceite.
Detalle de un rascador de aceite.

En grupos de pequeñas dimensiones, puede recurrirse a una refrigeración del aceite por medio de una circulación forzada de aire frío.

Cuanto más elevada es la temperatura del aceite, su viscosidad se debilita, corriéndose el riesgo de que la película de aceite se rompa, llegándose a producir un agarrotamiento (gripado) entre las zonas en fricción, si se sobrepasan los límites admisibles de temperatura. Se deduce que tal riesgo es mayor durante las paradas que en los arranques, por lo que al realizar la parada de determinados grupos se pone en servicio el sistema de aceite a presión.

En algunos tipos de cojinetes de empuje, se instalan radialmente, entre patines, pletinas de fibra, baquelita, etc., las cuales, actuando como rascadores de aceite sobre la superficie del plato de fricción, evitan que el aceite caliente pase de unos patines a otros, haciéndola retornar a la cuba donde se refrigera (figs. 37 y 39).

Para controlar los niveles de aceite, temperaturas en el aceite y en metales antifricción (valores máximos 75° C y 80° C, respectivamente), así como las presiones de aceite durante el arranque, se instalan los correspondientes dispositivos de control, tales como **niveles, termostatos, presostatos,** etc.

4.2. Principio de funcionamiento de las turbinas Francis

Considerando los aspectos constructivos de los componentes de las turbinas Francis, se comprende con facilidad el funcionamiento de las mismas.

En la mayoría de los casos, la instalación de este tipo de turbinas, se realiza en centrales para cuya alimentación de agua se requiere la existencia de un embalse. Otra particularidad en la ubicación de estas turbinas, radica en que el conjunto esencial de las mismas, es decir, cámara espiral - distribuidor - rodete - tubo de aspiración, se encuentra, generalmente, a un nivel inferior respecto al nivel alcanzado por el agua en su salida hacia el cauce del río en dirección aguas abajo (fig. 40).

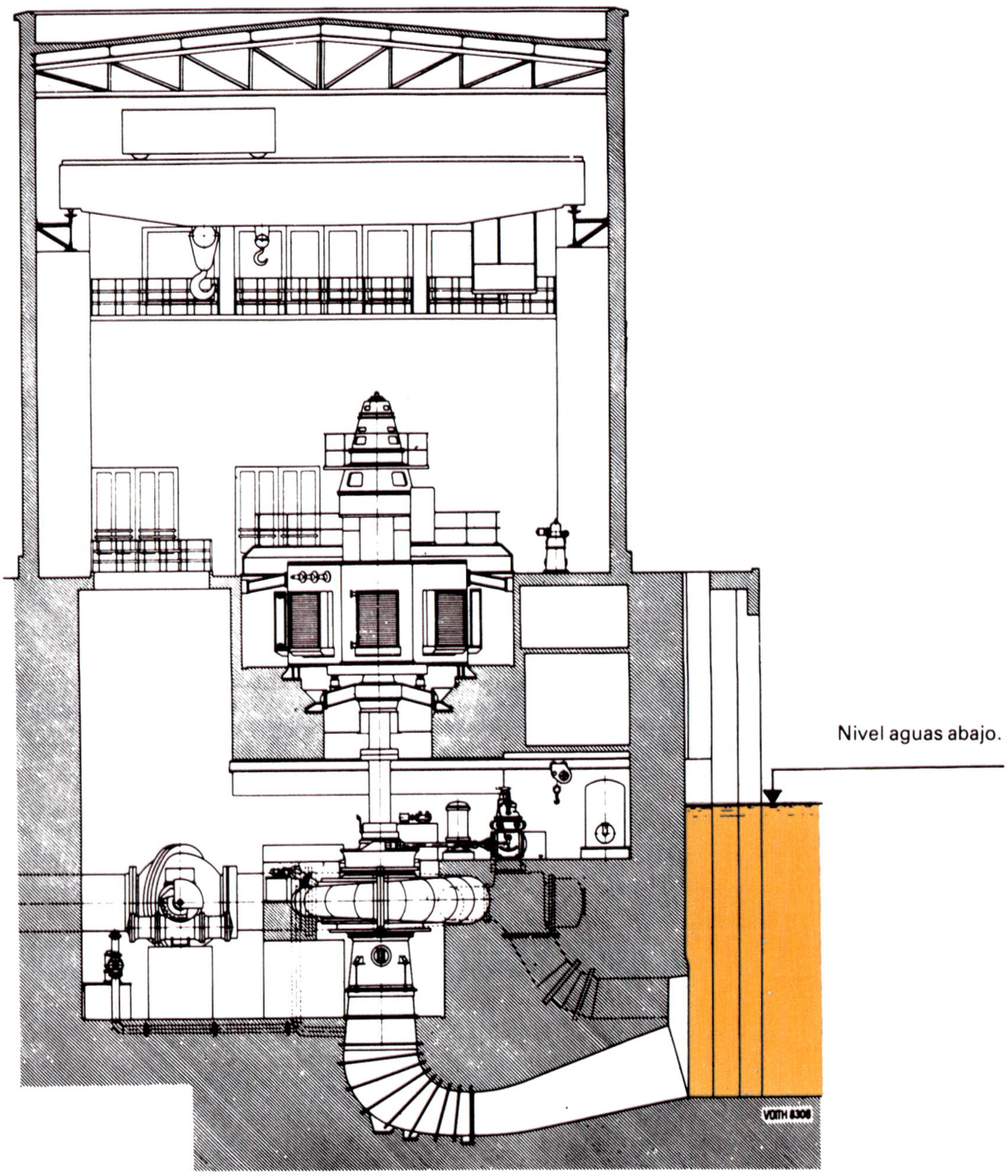

Fig. 40.— Situación generalizada de una turbina Francis, respecto al cauce del río aguas abajo.

Podemos considerar, por lo tanto, la presencia de una columna de agua continua, entre los distintos niveles de los extremos mencionados, embalse - salida de agua, deduciendo que la turbina está totalmente llena de agua. Según otras disposiciones de instalación, especialmente en saltos de muy poca altura, podríamos interpretar que se halla sumergida, tal es el caso de no disponer de cámara espiral, encontrándose instalado el rodete en el interior de una **cámara abierta,** normalmente de hormigón, enlazada directamente con la zona de toma de agua o embalse (figs. 41 y 42).

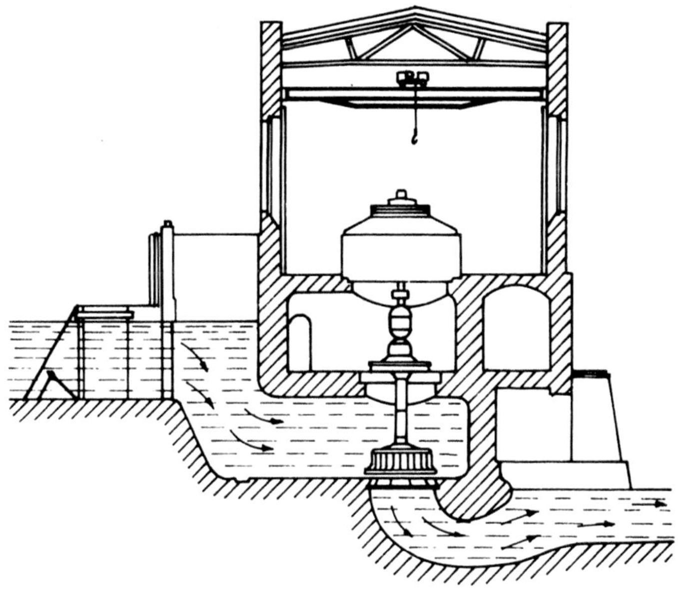

Fig. 41.— Turbina Francis de eje vertical, en cámara abierta.

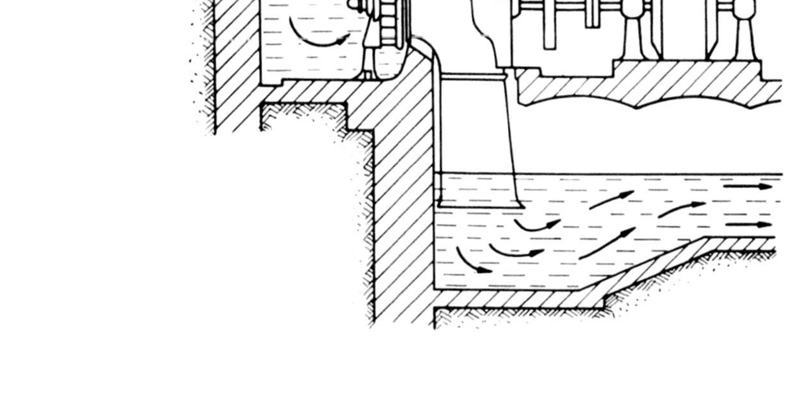

Fig. 42.— Turbina Francis de eje horizontal, en cámara abierta.

La energía potencial gravitatoria del agua embalsada, se convierte en energía cinética en su recorrido hacia el distribuidor, donde, a la salida de éste, se dispone de energía en forma cinética y de presión, siendo, la velocidad de entrada del agua en el rodete, inferior a la que le correspondería por altura de salto, debido a los cambios bruscos de dirección en su recorrido.

Centrándonos en la zona del distribuidor, podemos añadir que el agua, a su paso por las palas fijas de la cámara espiral y las palas directrices del distribuidor, disminuye su presión, adquiriendo velocidad y, en tales condiciones, provoca el giro del rodete, al discurrir a través de los álabes de éste, sobre los cuales actúa el resto de la presión existente en las masas de agua dotadas, a su vez, de energía cinética.

El tubo de aspiración produce una depresión en la salida del rodete o, dicho en otros términos, una succión.

5. TURBINAS KAPLAN

Al igual que las turbinas Francis, las de tipo Kaplan (1), son turbinas de admisión total, incluidas así mismo en la clasificación de turbinas de reacción. Las características constructivas y de funcionamiento, son muy similares entre ambos tipos.

Se emplean en saltos de pequeña altura (alrededor de 50 m y menores), con caudales medios y grandes (aproximadamente de 15 m^3/s en adelante).

Debido a su singular diseño, permiten desarrollar elevadas velocidades específicas, obteniéndose buenos rendimientos, incluso dentro de extensos límites de variación de caudal. A igualdad de potencia, las turbinas Kaplan son menos voluminosas que las turbinas Francis.

Normalmente se instalan con el eje en posición vertical, si bien se prestan para ser colocadas de forma horizontal o inclinada (figs. 43 y 44).

Fig. 43.— Turbina Kaplan de eje vertical.

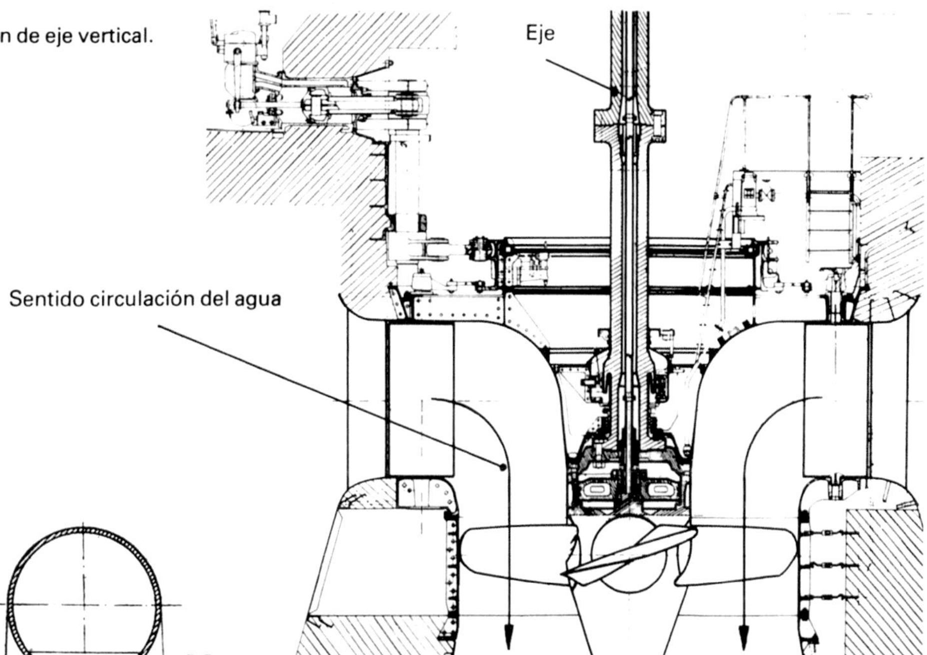

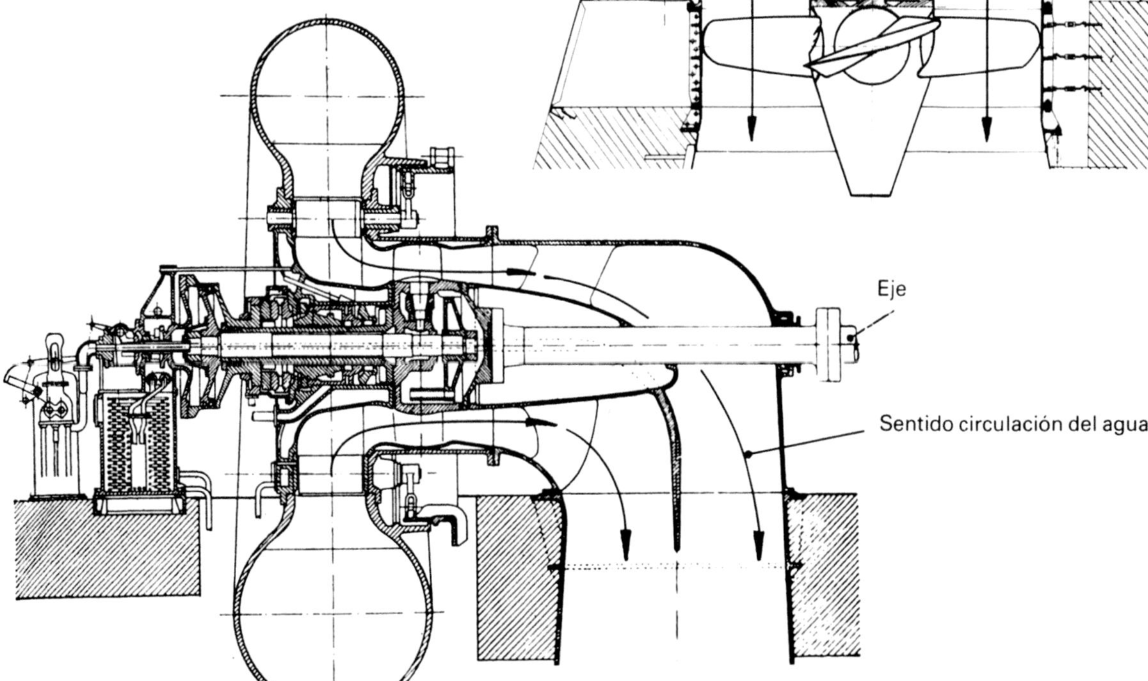

Fig. 44.— Turbina Kaplan de eje horizontal.

(1) KAPLAN (Viktor), ingeniero austríaco (1876-1934). Perfeccionó las turbinas de hélice.

Un montaje característico de este tipo de turbinas, conjuntamente con el alternador, constituye los llamados **grupos-bulbo,** propios de las centrales mareomotrices; o los **grupos-pozo,** utilizados para el máximo aprovechamiento de las corrientes de agua con muy poco salto. En ambas disposiciones, la cámara y el tubo de aspiración constituyen un solo conducto, pudiendo estar situado el eje del grupo en posición horizontal o inclinada (fig. 45).

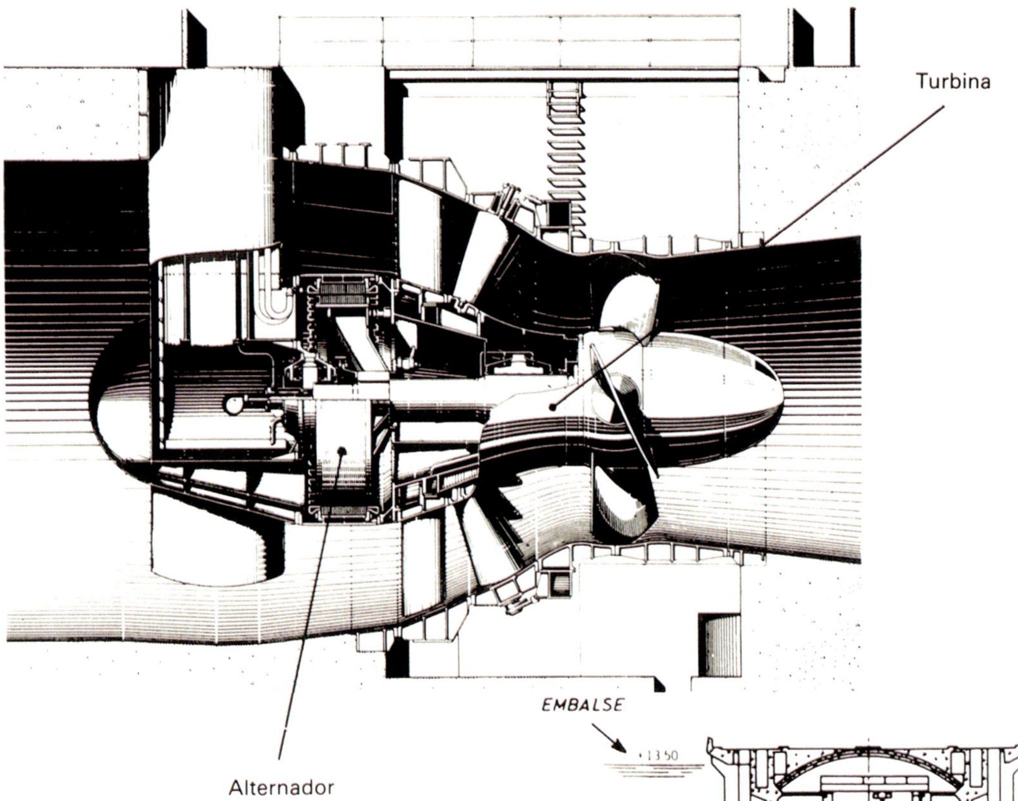

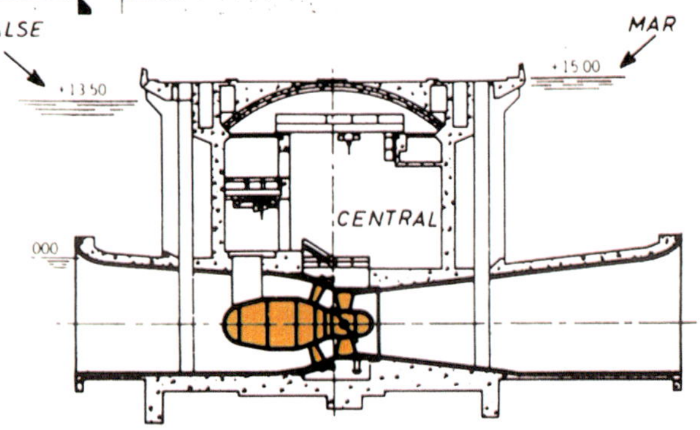

Fig. 45.— Grupo bulbo.
Detalle de situación.

5.1. Componentes de una turbina Kaplan

Dado el gran parecido con las turbinas Francis, no vamos a insistir sobre aquellos componentes que tienen la misma función y similares características. Tal ocurre con los elementos siguientes (fig. 46).

- Cámara espiral. Metálica o de hormigón, de secciones apropiadas.
- Distribuidor.
- Tubo de aspiración.
- Eje.
- Equipo de sellado del eje de turbina.
- Cojinete guía de turbina.
- Cojinete de empuje. Normalmente formando conjunto con el anterior.

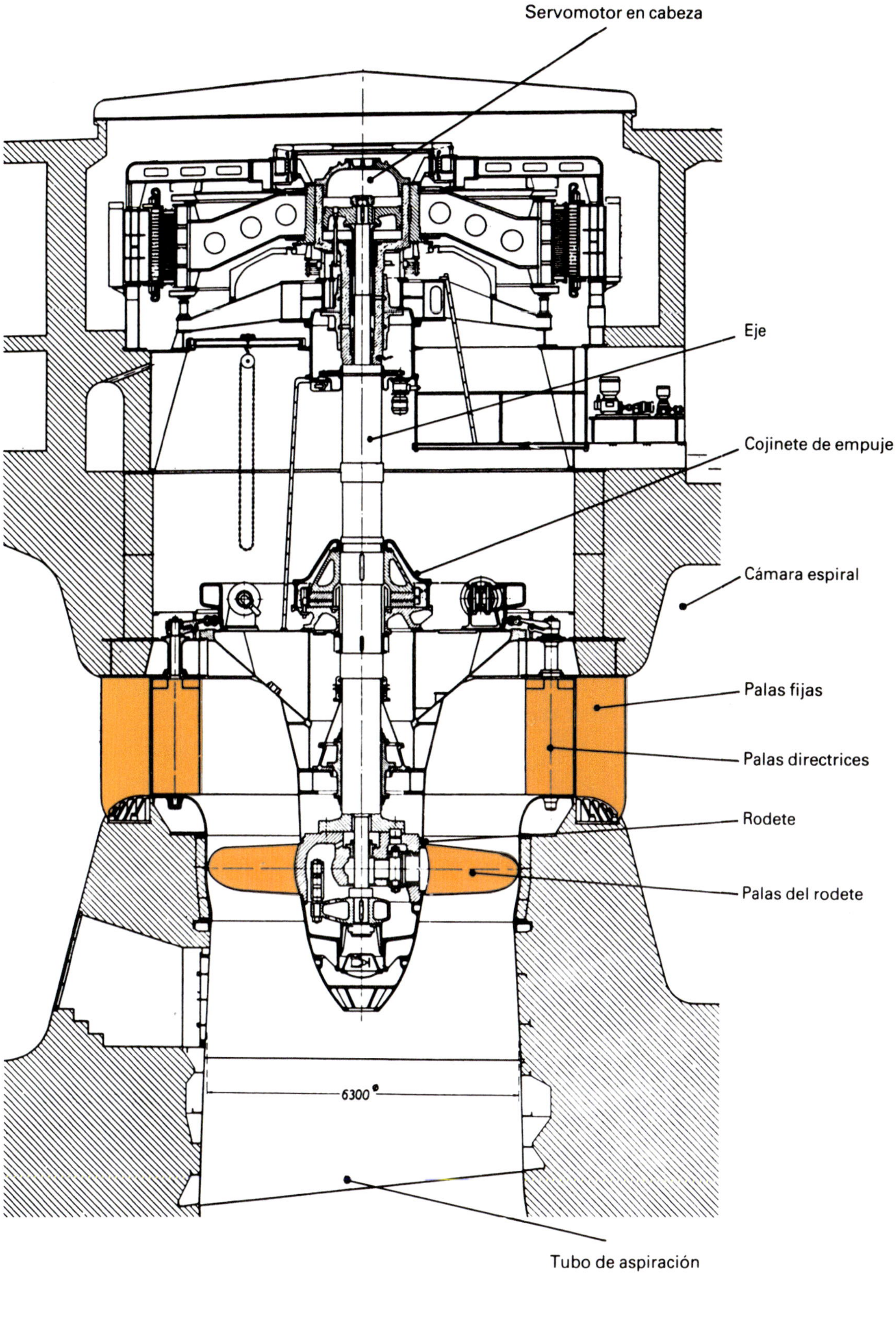

Fig. 46.— Componentes de una turbina Kaplan de eje vertical.

Nos centraremos en el elemento que difiere plenamente entre ambos tipos de turbinas, el rodete, el cual identifica a la turbina Kaplan como tal, permitiendo la obtención de rendimientos óptimos, incluso con valores del 30 % del caudal máximo.

5.1.1. Rodete de una turbina Kaplan

Se asemeja a la hélice de un barco, al estar formado por un número determinado de **palas,** de 2 a 4 para saltos de pequeña altura y de 5 a 8 cuando los saltos son mayores, dentro del campo de aplicación de las turbinas Kaplan.

Hemos de hacer constar que si las palas mencionadas mantienen una inclinación fija, por estar rígidamente unidas al núcleo del rodete, formando pieza única en un mismo bloque, por fundición, soldadura o acoplamiento mecánico, la turbina recibe el nombre de **turbina de hélice,** cuya instalación es recomendable en centrales que funcionan con salto y caudal casi constante y las cargas no sufren grandes variaciones. Se recurre al procedimiento de acoplamiento mecánico, cuando las palas han de colocarse con la inclinación correcta en función de las pruebas hidráulicas que se realicen durante el montaje, o por preverse su posible adaptación a nuevas condiciones de salto, caudales, etc.

Solamente se denominan turbinas Kaplan, cuando todas y cada una de las palas del rodete están dotadas de libertad de movimiento, pudiendo orientarse, dentro de ciertos límites, girando al unísono y uniformemente sobre sus asientos respectivos situados en el núcleo, llamado también **cubo del rodete,** según ejes radiales del eje de turbina, adoptando posiciones de mayor o menor inclinación respecto a este último, según órdenes recibidas del regulador de velocidad (figs. 47 y 48).

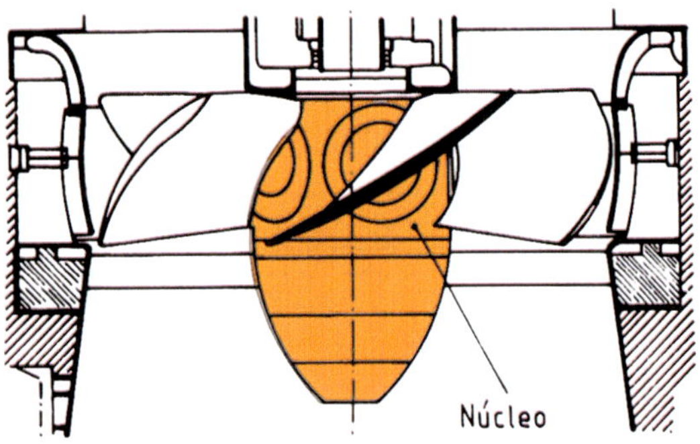

Fig. 47.— Núcleo o cubo del rodete de una turbina Kaplan.

Tanto los rodetes de hélice como los Kaplan, se construyen a base de aleaciones especiales, tendiéndose, en la actualidad, al empleo del acero inoxidable, pues si bien su precio inicial puede ser elevado, queda amortizado, a lo largo del tiempo, al disminuir las reparaciones del deterioro ocasionado por los efectos nocivos ya mencionados de cavitación, etc.

Fig. 48.— Rodete de turbina Kaplan. (Corresponde a un rodete de ensayo de 8 palas)

No olvidemos que, para la reparación de una máquina, además del costo de materiales y equipos a utilizar, horas/hombre, etc., han de tenerse en cuenta las horas que habrá de estar parada, lo que repercute en el rendimiento económico del conjunto de la instalación.

Por tales consideraciones, para la mayoría de los rodetes de cualquier tipo, hoy día se usa el acero inoxidable, aleación formada por hierro, cromo, níquel y carbono como principales componentes y, en menor porcentaje, silicio, molibdeno, cobre, tungsteno (volframio) y otros.

Las turbinas Kaplan se conocen también como **turbinas de doble regulación,** por intervenir el proceso, al unísono, tanto sobre las palas del distribuidor, como sobre las del rodete, en base a una correspondencia o **ley de conjugación** entre posiciones de palas del rodete respecto de las del distribuidor, dependiendo de las condiciones de carga y del salto existente. Con este procedimiento, se consiguen elevados rendimientos, incluso para cargas bajas y variables, así como en el caso de fluctuaciones importantes del caudal.

Las palas directrices del distribuidor, se gobiernan de forma análoga a como se realiza en las turbinas Francis. En algunos tipos muy avanzados de turbinas Kaplan, se ha llegado a prescindir del distribuidor, actuando la regulación solamente sobre las palas del rodete.

Para lograr el control adecuado de las palas del rodete, tanto el núcleo de éste, como el eje de turbina, permiten alojar y pasar respectivamente por su interior los distintos dispositivos mecánicos, tales como servomotores, palancas, bielas, etc., destinados a dicho fin.

Se distinguen tres sistemas de gobierno de las palas del rodete, dependiendo de la situación del servomotor de accionamiento de las mismas sobre distintas zonas del eje del grupo. Así tenemos:

Servomotor en cabeza

El servomotor está instalado en el extremo superior del eje, en la zona del alternador (fig. 46).

Servomotor intermedio

En este caso está situado en la zona de acoplamiento de los ejes de la turbina y del alternador (fig. 49).

Servomotor en núcleo

Está alojado en el propio núcleo del rodete (fig. 50).

Modernamente se tiende al empleo de este sistema, con el cual se reducen las dimensiones y el número de determinados elementos mecánicos que, en otros sistemas, realizan la interconexión entre el servomotor y los ejes de las palas del rodete.

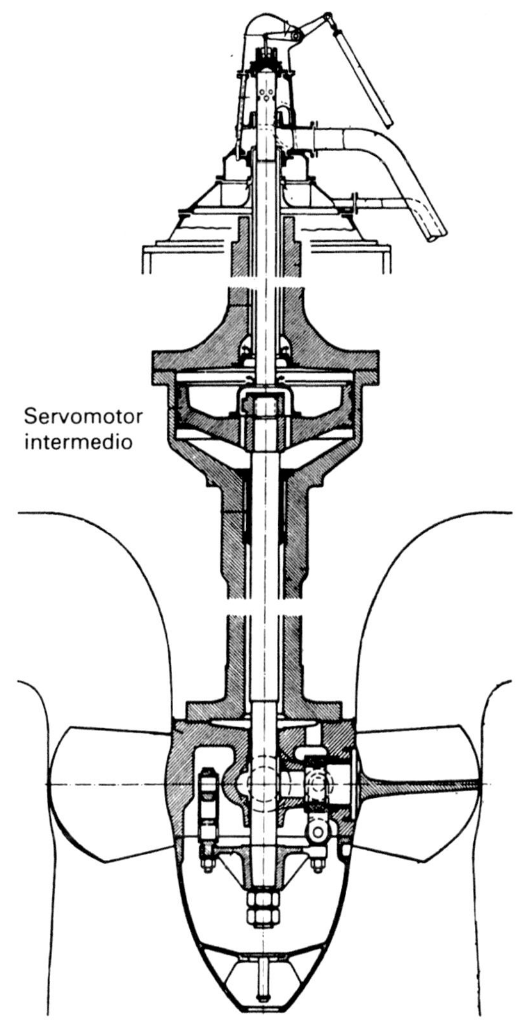

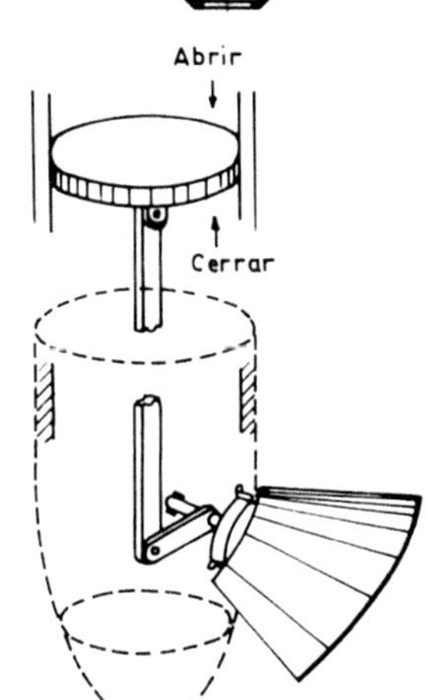

Fig. 49.— Accionamiento de las palas del rodete de una turbina Kaplan, mediante servomotor intermedio. Detalle del mecanismo.

El agua, en su recorrido entre los álabes del rodete, cambia de dirección, velocidad y presión. Todo ello, provoca una reacción en el rodete, dando origen a la potencia producida en la turbina, cuyo valor, paradójicamente, está en función de la carga perdida por el líquido en su desplazamiento. Como ejemplos de turbinas de reacción, están las Francis y Kaplan.

Tratándose de turbinas grandes, las de reacción suelen ser de mayor rendimiento que las de acción, ocurriendo lo contrario en el caso de turbinas pequeñas. Ahora bien, estableciendo la comparación para una misma potencia e igual altura de salto, una turbina de reacción puede girar a mayor velocidad específica que una de acción, proporcionando mayor rendimiento la primera.

Se dan definiciones y cálculos complejos, relacionados con los conceptos de acción y reacción, especialmente para este último. Así, y dependiendo del tipo de turbina, se exponen distintas teorías basadas; bien en la circulación del fluido a través de un conducto, limitado por superficies curvas con secciones de entrada y salida diferentes, caso de turbinas Francis lentas y normales; o en el desplazamiento de las alas de un avión, para turbinas Francis extrarrápidas, Kaplan y de hélice. Sobre tales teorías no vamos a profundizar, por encontrarse fuera de los objetivos establecidos, por lo que remitimos al lector a la consulta de tratados de Hidrodinámica.

La clasificación de turbinas de acción y de reaccion, denominaciones impropias para algunos autores, se sigue manteniendo dada su amplia divulgación a lo largo del tiempo. Podemos identificar a las primeras, como turbinas en las que, cada chorro de agua, tiene su superficie libre sometida a la presión atmosférica, en su trayecto hacia el rodete; mientras que, en las segundas, el agua llena por completo los conductos que forman los álabes, originándose variaciones de presión, de tal modo que ésta, a la entrada del rodete, es mayor que la presión atmosférica, ocurriendo lo contrario a la salida, debido a la actuación del tubo de aspiración en el que, en su recorrido final, el agua alcanza el valor de la presión atmosférica. Razón de los nombres de turbinas de presión y de sobrepresión.

6.3. Turbinas radiales

Corresponden a esta clasificación, las turbinas que reciben de forma radial, respecto al eje, la proyección de los chorros de agua que inciden sobre los álabes del rodete.

Conviene hacer la observación de que tal proyección, puede ser centrípeta o centrífuga, según que los chorros de agua se acerquen o se alejen del eje de la turbina.

A esta clasificación pertenecen determinados tipos de turbinas Francis de velocidad específica muy lenta, o instaladas con el eje en posición horizontal. Siempre que se trata de turbinas Francis, la proyección es centrípeta.

6.4. Turbinas axiales

Se incluyen en esta clasificación, las turbinas en las que la dirección de la proyección de los chorros de agua, sobre los álabes del rodete, es paralela al eje de rotación. Tal es el caso de las turbinas de hélice y Kaplan.

6.5. Turbinas radiales-axiales

Reciben esta denominación, las turbinas en las que la incidencia de las masas de agua, hacia el rodete, se inicia en dirección radial, cambiando, posteriormente, a una dirección paralela al eje, como resultado del desplazamiento del fluido a través de los álabes de aquél. También son conocidas como **turbinas mixtas.**

Un ejemplo claro, perteneciente a esta clasificación, lo constituyen la mayoría de las turbinas Francis de eje vertical.

6.6. Turbinas tangenciales

Se pueden considerar como una variante de las turbinas radiales, de modo que la proyección del chorro de agua, contra el rodete, es tangencial o casi tangencial sobre la periferia del mismo.

Las turbinas Pelton, son un ejemplo patente de turbinas tangenciales, según se explicó oportunamente.

6.7. Turbinas de cámara cerrada

Normalmente las turbinas Francis y Kaplan, cuya alimentación se hace, generalmente, por medio de conducción cerrada o tubería forzada, llevan unida a ésta la cámara que conduce al agua alrededor del distribuidor, llenando todas las aberturas de paso hacia el rodete. Dichas cámaras adoptan diversas formas y secciones, siendo la más común, la cámara espiral de sección circular, pudiendo tratarse también de secciones trapeciales, etcétera (figs. 23, 24 y 54).

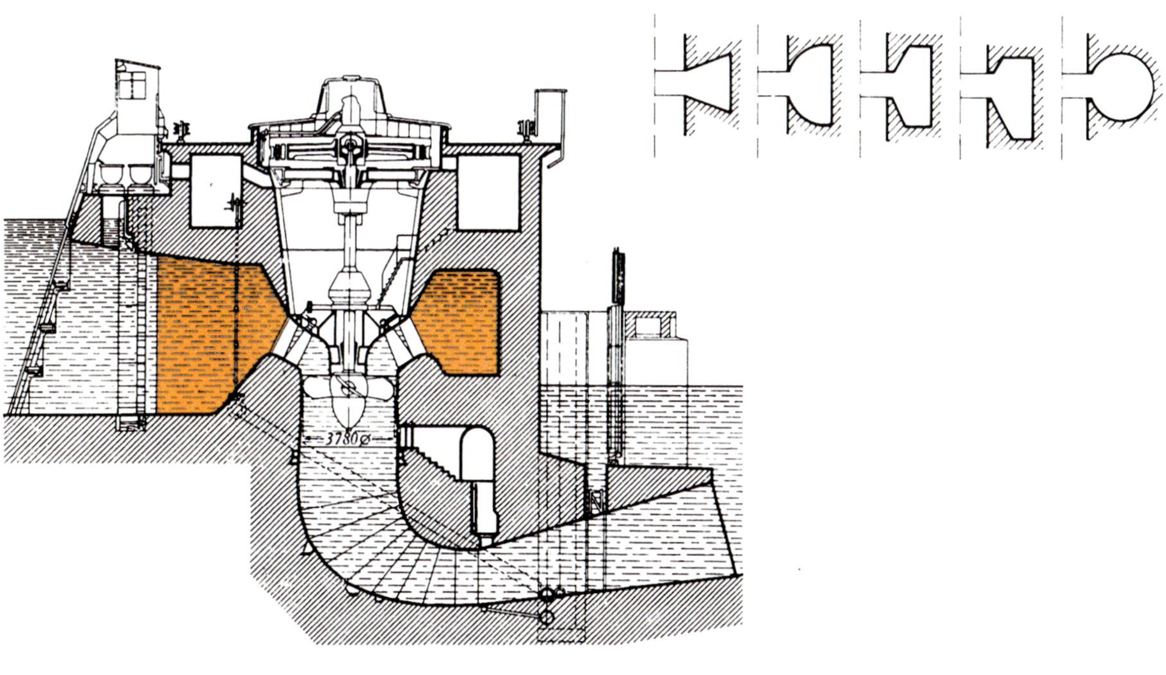

Fig. 54.— Cámara cerrada de sección trapecial para una turbina Kaplan de eje vertical.
Distintas secciones de cámaras cerradas.

Ampliando lo expuesto en el apartado 4.1.1., y haciéndolo extensivo a los tipos de turbinas Francis, Kaplan y de hélice; dentro de las cámaras cerradas, las palas fijas pueden adoptar también una posición inclinada, formando las generatrices de éstas un cono imaginario cuyo vértice se encuentra situado hacia arriba, sobre el eje del grupo.

Análogamente pueden tomar posiciones semejantes los ejes de las palas directrices del distribuidor, dando origen a los denominados **distribuidores cónicos,** los cuales, por las características mencionadas, se diferencian de los distribuidores clásicos descritos hasta el momento a los que se conocen como **distribuidores cilíndricos,** en los que los ejes de las palas móviles son paralelos al eje de la turbina.

Las figuras 23, 54 y 55 dan idea de las combinaciones posibles entre las palas fijas y móviles.

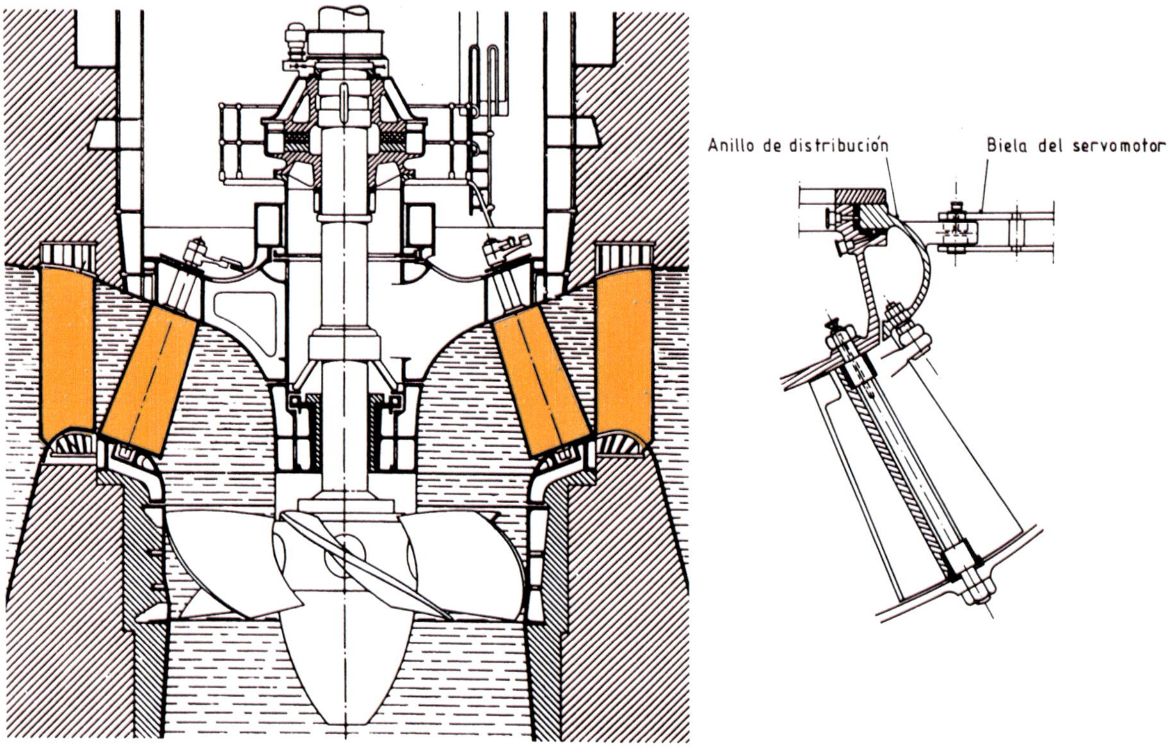

Fig. 55.— Distribuidor cónico.
Detalle del accionamiento de las palas directrices.

6.8. Turbinas de cámara abierta

Corresponden a esta clasificación, aquellas turbinas instaladas en saltos de muy poca altura, dispuestas de tal forma que el rodete está sumergido en canales o depósitos que, prácticamente, son prolongación de la toma de agua hacia la turbina.

Tal disposición es propia de turbinas Francis, tanto de eje vertical como horizontal, adaptadas a dichas características de salto (figs. 41 y 42).

6.9. Turbinas reversibles

Con tal denominación, o la de **turbinas-bombas,** se identifican las máquinas hidráulicas que realizan, alternativamente según necesidades, la misión de funcionar bien como turbinas o como bombas centrífugas.

Son las indicadas para las centrales llamadas de bombeo o acumulación (fig. 56). La turbina reversible de la central (a) realiza, según exigencias de operación, las funciones que, por separado, llevan a efecto la turbina o la bomba de la instalación (b).

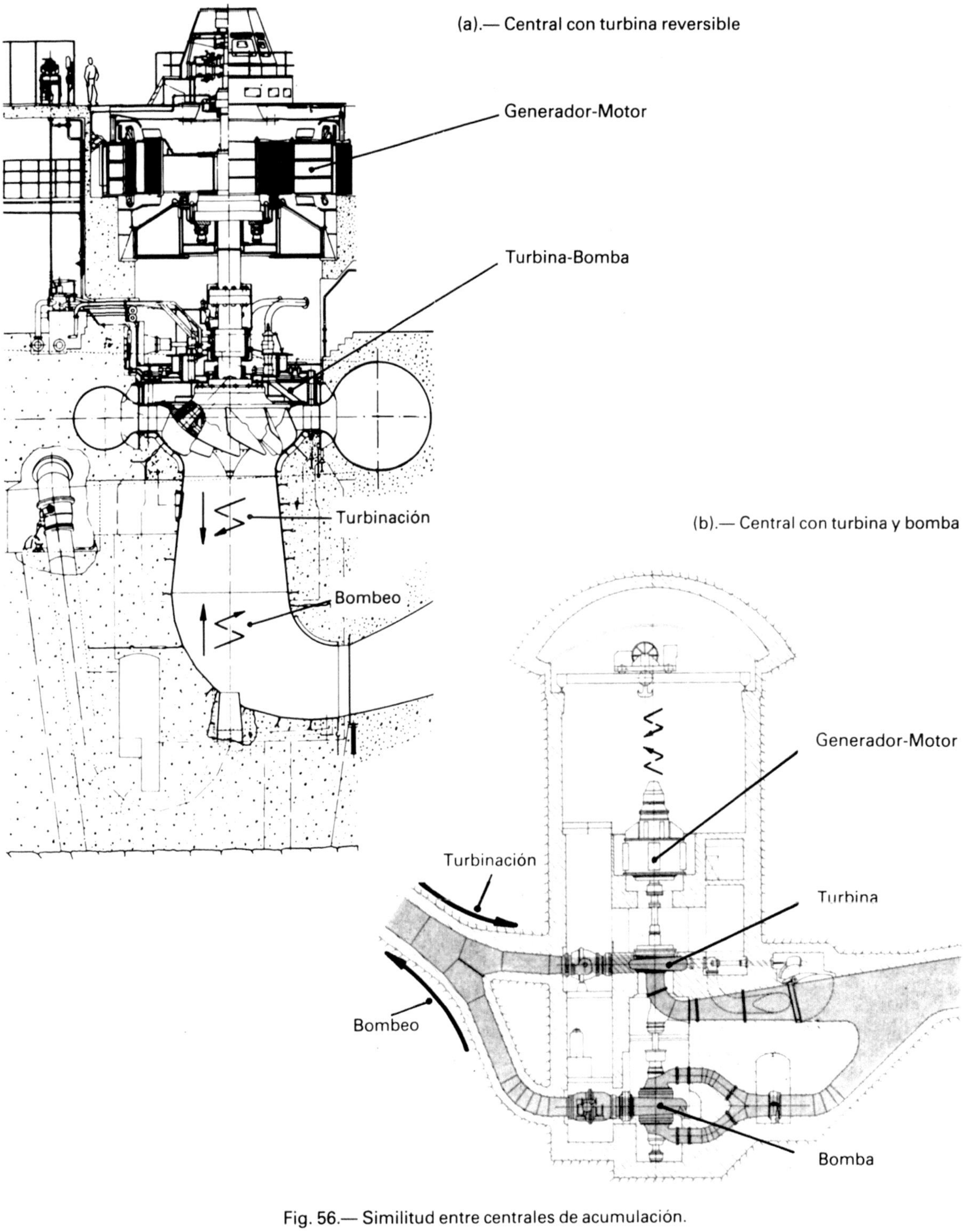

Fig. 56.— Similitud entre centrales de acumulación.

La figura 57, representa un tipo de rodete de turbina reversible, que podríamos llegar a asimilar con el de una turbina Kaplan, no obstante, las turbinas-bombas más representativas son las del tipo Francis, de velocidad específica lenta. Los restantes tipos de turbinas, tanto las Pelton como las de hélice o Kaplan, no pueden funcionar como bombas.

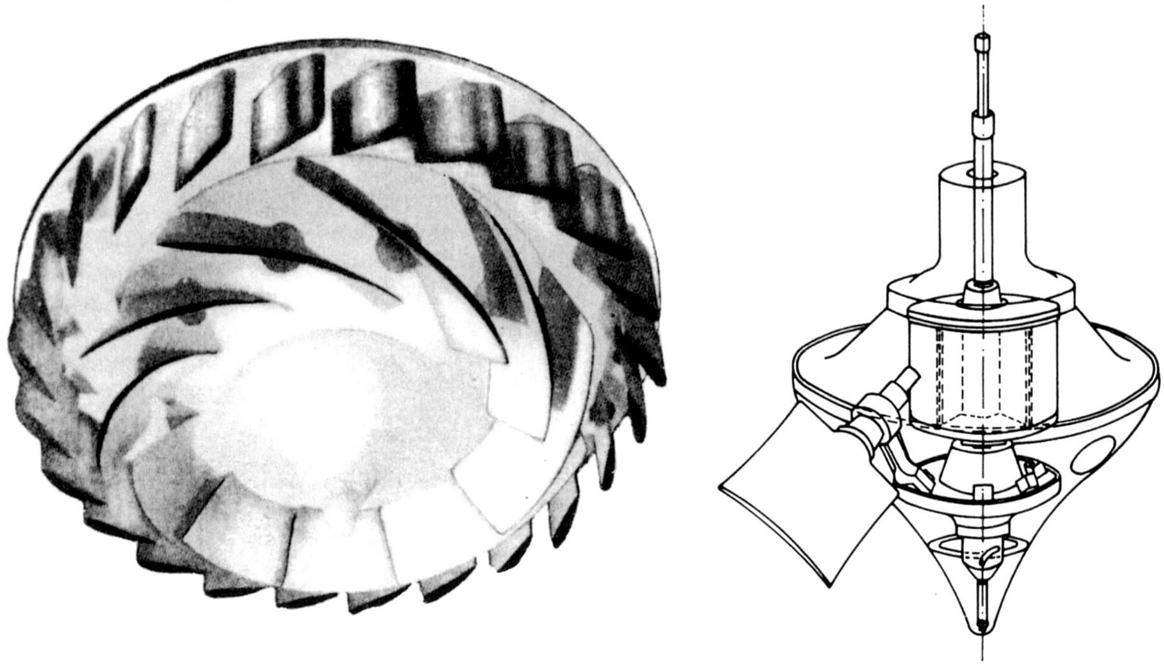

Fig. 57.— Rodete de una turbina reversible Deriaz.
Detalle del accionamiento de las palas.

Vamos a aprovechar el presente apartado, para distinguir las diferencias más significativas entre los grupos dotados con turbinas reversibles y aquellos otros que disponen de turbina y bomba, ambas máquinas separadas y perfectamente identificadas, tanto en sus diseños como en las funciones ejercidas.

En los primeros, el sentido de rotación del eje es distinto, según sea la función asignada. Para los segundos, el sentido de giro es siempre el mismo, cualquiera que sea la misión encomendada.

En ambos casos, el elemento eléctrico funciona, obviamente, como generador cuando ha de producir energía eléctrica, pasando a ejercer el cometido de motor eléctrico síncrono, cuando el grupo se destina a bombear. Previamente ha de llevarse a efecto una serie de maniobras, tanto eléctricas como hidráulicas, de acuerdo con las características de cada instalación. En grupos con turbina reversible, se tiene que hacer el oportuno cambio de fases, a fin de conseguir el sentido de giro adecuado a cada situación.

Cuando las presiones y velocidades de las masas líquidas a impulsar son elevadas, se utilizan, preferentemente, los grupos con la bomba independiente de la turbina.

La puesta en servicio de los grupos con turbina reversible, para realizar la función de bombeo, se puede llevar a cabo por uno de los procedimientos siguientes: **arranque directo, arranque espalda-espalda** (back-to-back), o **arranque con motor auxiliar** (pony-motor). La aplicación de cada uno de ellos, dependerá de las posibilidades de cada central.

Arranque directo

Con el paso de agua cerrado, esencialmente por medio del distribuidor, se conecta directamente el grupo a la red, arrancando como motor. Una vez alcanzada la velocidad normal, se abre el paso de agua.

Tiene el inconveniente, al inicio del arranque, de crearse elevados valores de intensidad, perjudiciales para los devanados por los esfuerzos que han de soportar.

Arranque espalda-espalda

Mediante este sistema, se evitan los problemas de sobreintensidad, al conectar entre sí, a través de una línea aislada de la red durante el proceso, un grupo generador con el de bombeo, estando ambos parados. Se arranca el generador y, a medida que se excita, simultáneamente comienza a girar el grupo de bombeo aumentando sus revoluciones.

Conseguido el funcionamiento correcto de ambos grupos, el conjunto se acopla a la red, se abre el conducto de admisión y se desacopla el grupo generador, dejándose nuevamente aislada la línea que sirvió de enlace quedando dispuesta para el arranque de otro grupo de bombeo si procede.

El grupo que actúa como generador, puede pertenecer a la misma instalación que el de bombeo o a otra central próxima. Determinadas instalaciones disponen de un grupo convertidor de arranque.

Arranque con motor auxiliar

El arranque se efectúa con un motor asíncrono, instalado en el mismo eje del grupo. Este motor auxiliar, de potencia suficiente (8 % aproximadamente de la del generador actuando como motor principal), aporta la velocidad necesaria al grupo, facilitando la operación de acoplamiento a la red. Posteriormente se abren los circuitos de agua y se desconecta el motor auxiliar.

Para reducir los esfuerzos necesarios durante el arranque, ante la presencia de grandes masas de agua, se suele recurrir a la operación de **desanegado,** en la que, por inyección de aire comprimido, se expulsa el agua del rodete. Previamente se cierra el paso del agua, principalmente con el distribuidor, estando abiertas las válvulas y compuertas del conducto de impulsión (tubería forzada). Finalizado el arranque, cesa la aportación de aire y se abre el paso de agua iniciándose el bombeo.

Respecto al funcionamiento de un grupo compuesto por turbina y bomba, independientes entre sí, hemos de considerar dos facetas:

— Si se trata de la puesta en servicio como grupo generador, la bomba se encuentra aislada, tanto hidráulica como mecánicamente, por medio del cierre de las válvulas correspondientes y del desacoplamiento del eje del grupo.

— Cuando ha de ejercer la función de grupo de bombeo, y una vez que está acoplada la bomba al eje, se procede al lanzamiento del conjunto mediante la turbina (del tipo Pelton o Francis), a fin de vencer la inercia de las masas giratorias, hasta proceder a la conexión del motor síncrono a la red general. Cuando se alcanza la velocidad normal, se realizan secuencialmente las maniobras hidráulicas de aislamiento de la turbina y llenado de la bomba. En el caso de turbinas Francis, ha de procederse al desanegado del rodete, durante todo el tiempo de actuación de la bomba, para evitar rozamientos y pérdidas de rendimiento en el grupo.

7. FENOMENOS ANOMALOS EN LAS TURBINAS HIDRAULICAS

Las turbinas hidráulicas, al ser máquinas complejas de grandes dimensiones, están bajo la acción de elevados esfuerzos mecánicos, lo que puede dar origen a rozamientos, agarrotamientos, etc. Además, al estar supeditadas a la influencia directa del agua, tienen que soportar efectos hidráulicos desfavorables para su correcto funcionamiento, como son erosiones, corrosiones, etc. Así mismo, ha de tenerse en cuenta el efecto abrasivo que ejerce la arena contenida en el agua, sobre las piezas situadas en su camino.

Prescindiremos de analizar los efectos anómalos puramente mecánicos, que pueden ser estudiados en los tratados de Mecánica, y nos centraremos en dos fenómenos que influyen negativamente en el funcionamiento idóneo de un grupo, si no se adoptan las medidas adecuadas para eliminarlos o, por lo menos, reducirlos al máximo. Así tenemos:

— Cavitación
— Golpe de ariete

7.1. Cavitación

Consiste en la formación, dentro de las masas líquidas, de espacios huecos o cavidades llenas de gas o vapor, producidas por una vaporización local debida a acciones dinámicas; las burbujas originadas al hervir el agua, o la efervescencia de bebidas carbónicas, nos pueden servir como ejemplos sencillos de apreciación. Técnicamente, el fenómeno es más complejo, y se debe a reducciones de presión dentro del seno de los líquidos, cuando se mueven a grandes velocidades, manteniendo la temperatura ambiente, condiciones que favorecen la vaporización.

Refiriéndonos al agua, se considera que las sustancias que lleva disueltas (aire, gas, partículas sólidas, etc.), junto con las variaciones de presión generadas por la turbulencia de las masas líquidas, interrumpe la continuidad de éstas, lo que da lugar a la creación de cavidades microscópicas. En su estado natural, el agua contiene aire en disolución, siendo la cantidad disuelta tanto mayor cuanto más elevada es la presión.

Se distinguen dos tipos de cavitaciones:

Cavitación en burbuja o transitoria

Las burbujas aparecen repentinamente sobre el contorno del cuerpo sólido sumergido en el líquido, que crecen en extensión y desaparecen.

Cavitación estacionaria o laminar

Las burbujas se forman en el contorno del cuerpo y permanecen sobre él, mientras no varían las causas productoras.

La cavitación se hace presente en tuberías, turbinas, bombas hidráulicas, hélices, superficies sustentadoras y conductoras de líquidos, etc.

El fenómeno de cavitación reduce la velocidad a que pueden funcionar las máquinas hidráulicas, disminuyendo su rendimiento, por la acumulación de burbujas de vapor que perturban la afluencia normal de las masas líquidas. Además de producir ruidos y vibraciones, es causa de una rápida y constante erosión de las superficies en contacto con el líquido, aun cuando éstas sean de hormigón, hierro fundido, aleaciones especiales, etc.

Ejemplos.— Erosiones en palas fijas, palas directrices, álabes, etc.

Las erosiones formadas sobre superficies metálicas, muros, etc., se denominan usualmente **cavitaciones**(fig. 58), y los razonamientos que explican la aparición de las mismas son, todavía, motivo de controversia.

Teóricamente, exponemos que cuando en el interior de un líquido se forman burbujas de cavitación, crecen a máximo tamaño en un espacio de tiempo brevísimo (aproximadamente 2 milisegundos) debido a fuertes disminuciones de presión. En un siguiente rompimiento de éstas, al ser arrastradas a una zona de mayor presión, durante un tiempo igualmente cortísimo, las partículas de líquido se precipitan hacia el centro de la burbuja y superficies sólidas sobre las que cada una de ellas estaba fija.

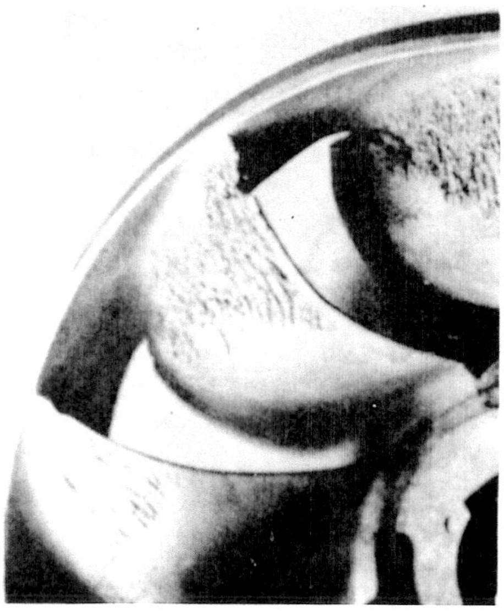

Fig. 58.— Cavitaciones formadas en los álabes del rodete de una turbina Francis.

Tal proyección de partículas, se realiza virtualmente sin impedimento a velocidades muy altas. El fenómeno se repite con una frecuencia de 25.000 ciclos por segundo e incluso mayor. Se calcula que, las tensiones superficiales producidas por estas acciones, son del orden de 1.000 atmósferas, valor lo suficientemente elevado como para producir grietas, por fatiga del material, en relativamente poco tiempo.

7.2. Golpe de ariete

Imaginemos una tubería de goma de suficiente elasticidad que, durante toda la secuencia descrita, se mantendrá situada según representa la figura 59 (a). Igualmente consideramos que se dispone de una válvula V cuyo cierre se puede realizar a gran velocidad.

En condiciones normales de circulación del líquido, éste fluye a velocidad y caudal constante, siempre y cuando el nivel en el depósito permanezca invariable. La tubería, en tales circunstancias, no sufre ninguna alteración y su sección se mantiene uniforme en todo el recorrido.

Dando a la válvula la orden de cierre, el cual se produce de forma instantánea, llegaríamos a observar los fenómenos siguientes en la conducción:

— En el tramo entre el depósito y la válvula, y concretamente junto a ésta, se origina una sobrepresión brusca que ocasiona una deformación de la tubería, puesta de relieve por un ensanchamiento elástico de sus paredes, que se propaga hacia el depósito con cierta velocidad, requiriendo, la sobrepresión, un tiempo de desplazamiento. Al llegar al depósito, desaparece la sobrepresión inicial, produciéndose una contracción en la tubería en el sentido descendente hacia la válvula. El fenómeno se repite, aunque con menor intensidad, hasta que se amortigua por completo, debido a rozamientos, etc.

— En el tramo desde la válvula en adelante, y a partir de ésta, se crea una depresión en el instante del cierre, que causa una contracción de las paredes del conducto elástico, transmitiéndose a toda su longitud, volviendo a su diámetro original una vez que el líquido se evacúa por completo (fig. 59 b y c).

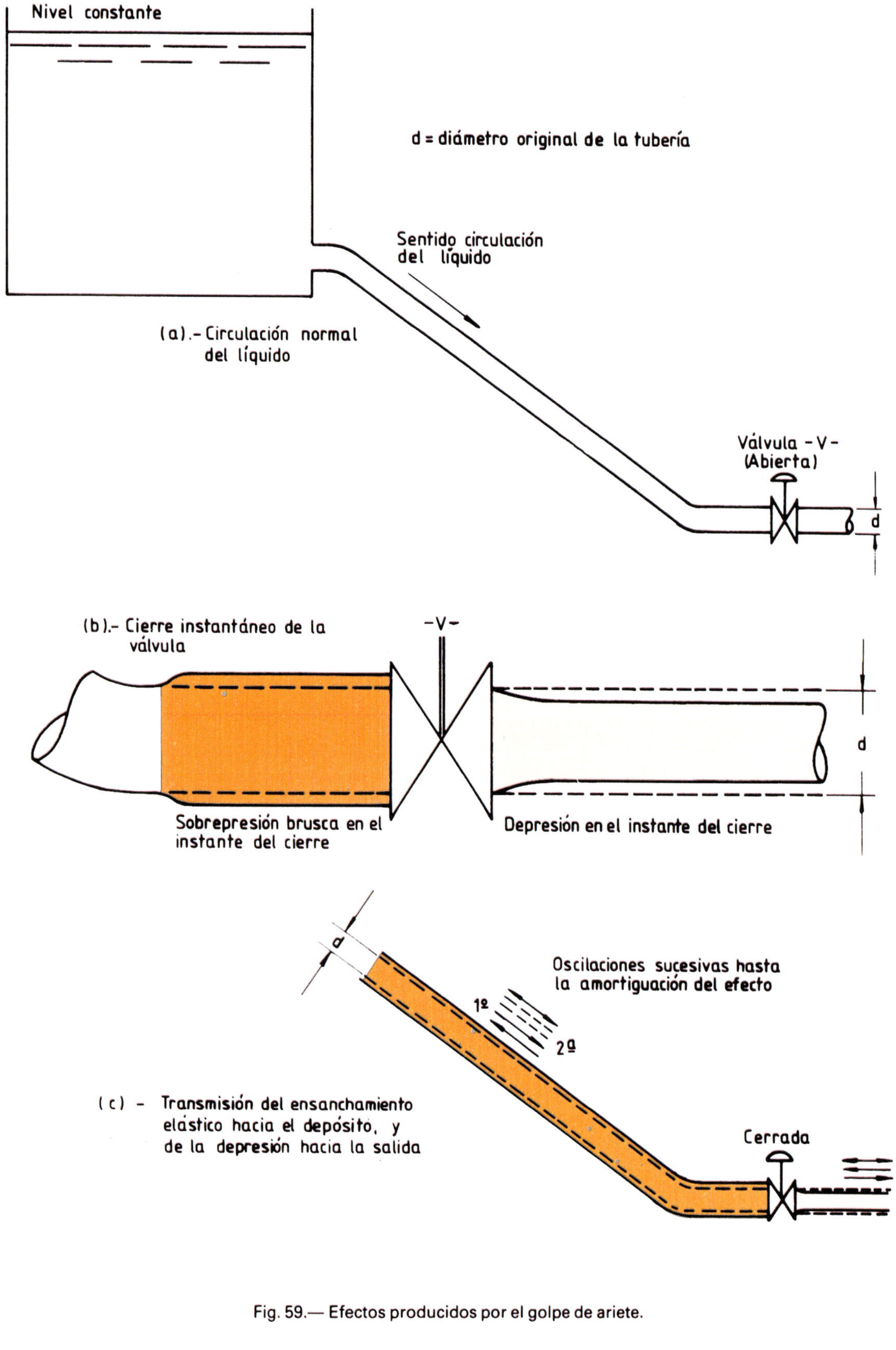

Fig. 59.— Efectos producidos por el golpe de ariete.

Del imaginario ejemplo propuesto, podemos deducir que, al interrumpir con rapidez la corriente de un líquido que circula con cierta velocidad, a través de un conducto, se producen fuertes variaciones de presión sobre las paredes interiores de éste y del elemento que corta al caudal suministrado, como consecuencia del cambio brusco en el movimiento del líquido dentro de la conducción cerrada, provocándose impactos de consideración sobre todas las superficies expuestas a dichas alteraciones.

Además de las deformaciones motivadas por las sobrepresiones y depresiones mencionadas, se presentan vibraciones y otros efectos perjudiciales que pueden ocasionar roturas, aplastamientos y otros desperfectos en las tuberías y sus equipos, tales como anclajes, válvulas, etc.

La totalidad de dichos efectos se originan, así mismo, en mayor o menor grado, cuando se disminuye o desvía el movimiento de la masa líquida que aporta un cierto caudal.

El golpe de ariete se presenta en las tuberías, siempre que se realizan maniobras rápidas en los dispositivos que abren, cierran, o regulan el paso de agua, como son válvulas, compuertas de tomas, etc. Igualmente se produce cuando existen disminuciones bruscas de la potencia solicitada al generador, debido a la repentina disminución del caudal de agua en respuesta a la actuación de los equipos de regulación.

Los efectos del golpe de ariete, especialmente importantes en conductos de gran longitud, y más significativos al cerrar el paso de agua, se pueden atenuar, e incluso llegar a impedir, accionando lenta y progresivamente válvulas, compuertas, etc., y, primordialmente, mediante la instalación de las **chimeneas de equilibrio,** en las cuales, al actuar como pozos piezométricos, se amortiguan las variaciones de presión.

Para el proyectista, es de trascendental importancia el estudio del posible golpe de ariete existente en cada conducción, basándose en cálculos de gran complejidad, al objeto de obtener el diseño correcto de la misma, el asentamiento adecuado de los elementos de cierre y aquellos otros dispositivos que contrarresten, dentro de lo posible, los efectos perjudiciales debidos a maniobras inadecuadas, que pudieran acarrear gravísimas consecuencias.

Por no ser de nuestra incumbencia, no vamos a tratar el tema matemáticamente, cuyas primeras teorías se deben a L. Allievi, no obstante, exponemos algunos conceptos que estimamos de interés.

El estudio del golpe de ariete, se basa en la **teoría de la onda elástica,** lo que se interpreta como el desplazamiento, a una velocidad determinada, de las variaciones de presión a lo largo de un tubería. Con este planteamiento, se elimina la idea inicial de asemejar la tubería de conducción como un cuerpo rígido.

La velocidad referida se conoce como **celeridad de la onda,** y corresponde a la velocidad del sonido dentro del sistema considerado, dependiendo del diámetro, espesor y elasticidad de la tubería, así como de la densidad y compresibilidad del líquido, valores que, para el agua, son respectivamente, 1 gramo por centímetro cúbico (g/cm^3), y 21.000 kilogramos por centímetro cuadrado (kg/cm^2). El valor de la longitud de la conducción no afecta.

Los valores de las presiones surgidas en un golpe de ariete, están en razón directa del cambio brusco de velocidad del líquido.

El tiempo necesario, para que una onda se desplace desde el origen de la perturbación hasta el extremo libre y regrese, se llama **período crítico de una tubería.**

Se distinguen **golpes de ariete positivos,** por ejemplo los producidos al cerrarse el paso de agua hacia una turbina, al disminuir la potencia solicitada al generador; y **golpes de ariete negativos,** caso de abrirse dicho paso de agua debido a la necesidad de aumentar la potencia suministrada (fig. 60).

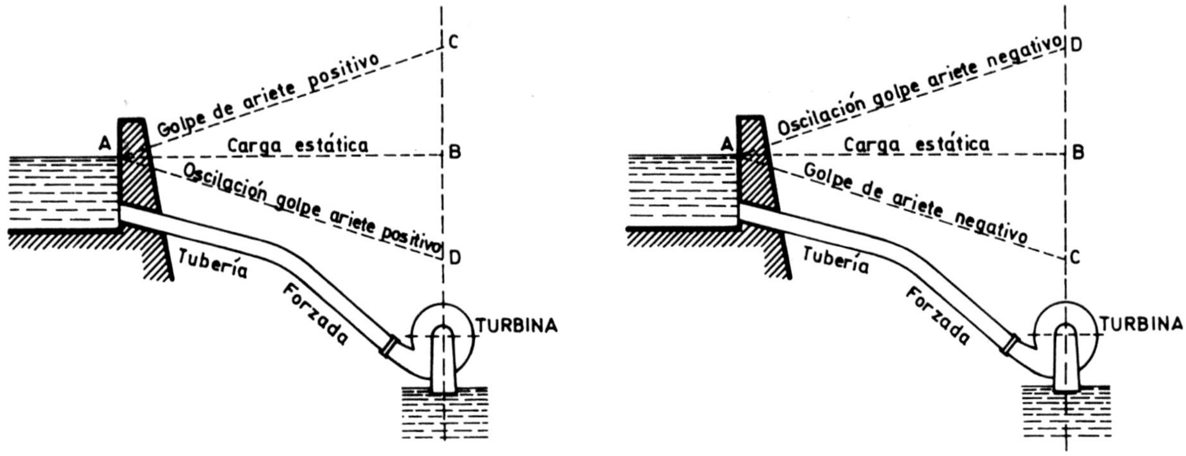

(a).— Golpe de ariete positivo, por cierre del distribuidor de la turbina.

(b).— Golpe de ariete negativo, por apertura del distribuidor de la turbina.

Fig. 60.— Representaciones gráficas del golpe de ariete.

Cuando se origina un golpe de ariete positivo, la onda elástica, al encontrar menor resistencia en la chimenea de equilibrio que en la propia tubería, se dirige hacia aquella, provocando una elevación del nivel de agua en el depósito o galería de expansión, produciéndose una desaceleración en la columna líquida. Por el contrario, cuando el golpe de ariete es negativo, desciende el nivel de agua en la chimenea, apareciendo una aceleración del agua en la tubería.

En las tuberías de presión de gran longitud, el agua tarda más tiempo, que en las de corto recorrido, en acelerarse o desacelerarse lo necesario para acoplar la velocidad del agua a cada nuevo régimen de carga solicitado a la turbina.

Destacamos un efecto característico, denominado **contragolpe de ariete,** que se hace más patente en las turbinas Kaplan, cuando se cierran el distribuidor y el rodete con cierta rapidez, creándose un fuerte vacío en el tubo de aspiración, debido al desplazamiento de la columna de agua por la conducción de desagüe, produciéndose un retroceso brusco de dicha columna, la cual puede incidir violentamente en la superficie inferior de las palas del rodete, provocando graves desperfectos en las mismas, e incluso, en la propia tapa de turbina.

El golpe de ariete también se conoce como **martillo de agua** (waterhammer), y cuando se trata de oleoductos y fluidos distintos del agua se denomina **surge.**

8. POTENCIA DE UNA TURBINA HIDRAULICA

Son elevados y complejos los cálculos relacionados con las turbinas hidráulicas, los cuales se ponen de manifiesto, en la mayoría de los casos, como resultado de los ensayos y experiencias llevadas a cabo por los técnicos de las casas constructoras.

No obstante, existen unas series de fórmulas, basadas en fenómenos físicos ligados con la mecánica, hidráulica, etc.

Aunque está fuera de nuestro cometido la realización de todo planteamiento matemático sobre las turbinas hidráulicas, las cuales, previamente a ser instaladas en la central, han sido perfectamente calculadas, de acuerdo con las características y exigencias del aprovechamiento hidroeléctrico para el que son proyectadas, vamos a hacer referencia a una expresión que consideramos de utilidad con vista a temas futuros; la **potencia de una turbina hidráulica.**

Tal concepto, depende directamente de la potencia del salto de agua, perteneciente a la turbina para la que se plantea el cálculo de la potencia útil presente en el eje del grupo.

Fórmulas: Expresando la potencia de la turbina en CV, tenemos:

$$P = \frac{1.000\ Q\ H}{75}\,\eta_t$$

en la que: P = potencia en CV.
Q = caudal en metros cúbicos por segundo (m^3/s).
H = altura del salto en m.
η_t = rendimiento de la turbina, en tanto por uno.
1.000 = cantidad de litros de agua (ó kg) en un m^3.
75 = proviene de la equivalencia existente entre el CV y el kgm/s, como unidades de potencia.

Así: 75 kgm/s — 1 CV
1.000 Q H kgm/s — P
} de donde

$$P = \frac{1.000\ Q\ H}{75}$$

Ampliando el cálculo al alternador, y considerando el rendimiento total η_T, producto del rendimiento η_t en la turbina por el rendimiento η_α en el alternador, tenemos:

$$P = \frac{1.000\ Q\ H}{75}\,\eta_T \qquad \text{donde} \qquad \eta_T = \eta_t . \eta_\alpha$$

Siendo 1 kW = 1,36 CV, la expresión de la potencia en kW es:

$$P_{kW} = \frac{1.000\ Q\ H}{1{,}36 \times 75}\ \eta_T$$

Los valores del rendimiento en la turbina oscilan entre 0,8 y 0,95, y en el alternador entre 0,92 y 0,98. En ambos casos dependen de las dimensiones de las máquinas, llegándose a valores de rendimiento total entre 0,8 y 0,92.

Si hacemos una estimación en la que $\eta_T \cong 0{,}9$, obtenemos las siguientes fórmulas generalizadas, fáciles de recordar:

$$P \cong 12\ Q\ H$$

$$P_{kW} \cong 9\ Q\ H$$

9. REGULACION DE VELOCIDAD DE LAS TURBINAS HIDRAULICAS

Interpretamos por regulación, el proceso mediante el cual se mantiene constante una magnitud o condición definida, aunque varíen determinados factores; como puede ser la carga solicitada a un grupo, la tensión de línea, la temperatura de una mezcla, etc.

En éste y sucesivos apartados, nos vamos a centrar en la **regulación de velocidad de las turbinas hidráulicas** y, en consecuencia, en la regulación de velocidad de las máquinas que hemos definido como grupos.

En el caso concreto que nos ocupa, la magnitud objeto de la regulación es la velocidad o número de revoluciones por minuto a que ha de girar el rodete de la turbina, con el fin de que, por medio del eje, se transmita el giro uniforme que debe de existir y mantenerse entre dicho rodete y el rotor del alternador.

Cuando se produce una variación en la carga solicitada al grupo, es decir, según aumente o disminuya el par resistente que actúa sobre la turbina, ésta tenderá respectivamente a reducir o aumentar el número de revoluciones con que estuviese en funcionamiento normal antes de producirse la variación de carga. En tales condiciones, el funcionamiento de la turbina sería totalmente inestable, llegando a pararse al aumentar la carga y a embalarse cuando ésta disminuyese.

Podemos llegar a establecer un símil, con el comportamiento del motor de un automóvil en el que, al subir o bajar fuertes pendientes, solamente le funcionase la «directa» de su caja de cambios y, el acelerador, se mantuviese en el punto fijo conveniente a su marcha normal sobre terreno llano. Es obvio que, durante los sucesivos ascensos y descensos, el motor tendería, respectivamente, a reducir y aumentar el número de revoluciones, llegándose a parar o embalarse según la magnitud de dichas pendientes. Aunque lógicamente se vería afectada, prescindimos de considerar la velocidad propia del vehículo en sí.

Dado que en la realidad las cargas solicitadas varían constantemente, es necesario adaptar el trabajo motor al resistente, y esto se consigue graduando adecuadamente el paso de agua hacia el rodete. Al regular el caudal de agua preciso para cada valor de carga en cada instante, se dispondrá de la potencia requerida, debiéndose obtener al mismo tiempo el número de revoluciones de funcionamiento normal de la turbina.

9.1. Velocidad de giro de una turbina hidráulica

La velocidad de giro, conocida también como **velocidad nominal, velocidad sincrónica** de la turbina o **velocidad de sincronismo** del grupo, depende fundamentalmente de la frecuencia a que ha de ser suministrada la corriente eléctrica, normalmente de 50 períodos por segundo, y del número de pares de polos del alternador, además de otros factores que determinan precisamente las características de este último, como son altura del salto de agua, potencia, tensión generada, etc.

Por considerar de cierto interés, la expresión de la fórmula que determina el número de revoluciones de funcionamiento normal de un grupo, la exponemos a continuación, dejando para un apartado posterior (9.10.) el concepto de velocidad específica.

9.1.1. Variaciones transitorias de velocidad

Si las variaciones de carga en un grupo se produjeran siempre gradualmente, es decir, durante períodos de tiempo suficientemente prolongados, permitiendo que la regulación de velocidad se realizase lentamente, las variaciones de velocidad quedarían dentro de un cierto límite, determinado por la sensibilidad del regulador.

Ahora bien, como es sabido, las oscilaciones de carga se pueden presentar bruscamente, esto es, durante un tiempo insuficiente para la actuación lenta de los dispositivos de regulación, con lo que se producen **variaciones transitorias de velocidad.**

Dependiendo de una serie de condicionantes, tales como inercia de las masas giratorias, características del grupo, etc., se puede llegar a recuperar, o no, el número normal de revoluciones. En base a dichas consideraciones, distinguiremos dos conceptos diferentes, íntimamente relacionados con el estudio de las turbinas hidráulicas, éstos son:

Máxima variación transitoria de velocidad

Corresponde a la sobrevelocidad máxima alcanzada por el rodete, como consecuencia de producirse una desconexión brusca del grupo respecto de la red, siempre y cuando, el distribuidor, responda adecuadamente a la orden de cierre dada por el regulador y, los elementos que cierran el paso de agua hacia la turbina, funcionen correctamente, válvulas, compuerta de toma, etc.

Depende del regulador de velocidad y de las características de la propia instalación. **Ley de cierre.**

El máximo aumento transitorio admitido, oscila entre el 25 y el 50 % sobre el valor de la velocidad nominal.

Velocidad de embalamiento

O **velocidad de fuga,** es la máxima velocidad adquirida por el eje del grupo, cuando, al pasar rápidamente de plena carga a valor cero (en vacío), el distribuidor permanece completamente abierto (caudal máximo), por fallo en la regulación; no funcionando, además, los elementos que cortan el paso de agua a la turbina. Representa el caso más desfavorable que se puede producir.

Depende de las características de la instalación y, particularmente, del tipo de turbina. Se pueden llegar a alcanzar las velocidades indicadas en la Tabla 2.

TABLA 2.—VELOCIDADES DE EMBALAMIENTO EN LOS DISTINTOS TIPOS DE TURBINAS

Turbinas	Exceso de velocidad en % de la nominal
Pelton	80 - 90
Francis	85 - 120
Hélice	100 - 180
Kaplan	100 - 180

Algunos grupos de eje horizontal, llevan instalado un **volante de inercia,** para limitar la sobrevelocidad que se puede originar al desacoplarse, bruscamente, el generador de la red. Igualmente, favorece la uniformidad de giro, especialmente en grupos aislados no acoplados al sistema general, compensando los esfuerzos motores y resistentes, evitando fluctuaciones de la frecuencia.

9.2. Reguladores automáticos de velocidad

No hemos de confundir estos dispositivos con los reguladores de tensión de los alternadores, pues si bien actúan al unísono sobre el grupo, como elementos reguladores que son, sus funciones, aunque relacionadas, están perfectamente delimitadas.

Según lo manifestado hasta el momento, deducimos que todo regulador de velocidad es el mecanismo, de distinta índole, destinado a conseguir, en cualquier circunstancia, el equilibrio de los trabajos motor y resistente, presentes en una turbina, manteniendo, sensiblemente constante, la velocidad de sincronismo del grupo, ante todas las cargas solicitadas, protegiéndole, además, contra velocidades excesivas que pudieran surgir.

Como dato significativo diremos que, si dispusiésemos de un motor Diesel sobre el cual no actuase ningún regulador de velocidad, se fragmentaría en pedazos, en el instante que quedase bruscamente sin carga.

Es elevado el número de las distintas marcas y tipos de reguladores automáticos instalados en las centrales hidráulicas, por destacadas casas constructoras, especializadas en la fabricación y montaje de los mismos. Así tenemos como referencia los reguladores Brown-Boveri, Escher-Wyss, Neyrpic, Nohab-Asea, Verkstaden-Kristinehan, J. M. Voit, etcétera.

Estimamos que hacer un estudio detallado de cada uno de ellos, sería una labor ardua por nuestra parte, y tediosa para el lector, al tener que seguir un texto con exhaustivas explicaciones descriptivas de los distintos elementos componentes y los interminables, e inevitables, párrafos sobre el modo de operar de los mismos, como por ejemplo ... «el émbolo C en su punto h, actúa en el extremo A del brazo estabilizador ...».

Por ello recomendamos a las personas interesadas en el tema que, una vez estudiado lo que aquí se expone, se informen y documenten en la central correspondiente, sobre el tipo de regulador que se encuentra instalado en la misma, y realicen el estudio oportuno siguiendo los planos descriptivos y las normas al respecto.

Tengamos presente que, determinadas industrias, para el funcionamiento de sus complicadas instalaciones, requieren un suministro de energía eléctrica con unos valores muy exactos de la frecuencia y de la tensión. Por lo tanto, los reguladores deben de responder a unas exigencias de sensibilidad, estabilidad y seguridad muy precisas.

Es de especial consideración, el trabajo que se ha de ejercer para cerrar las palas directrices o las palas de rodetes Kaplan, superándose, en turbinas modernas de grandes dimensiones, los 150.000 kgm. Por estas razones, los equipos de regulación y los propios reguladores, están diseñados para satisfacer tales demandas de actuación.

No podemos ocultar, el grado de cierta complejidad que conlleva la constitución de los modernos reguladores automáticos, los cuales se han ido perfeccionando progresivamente a trávés del tiempo, como resultado de las experiencias y estudios llevados a efecto ante los avances y exigencias tecnológicas, desde que fue ideado el primer regulador por James Watt en el siglo XVIII (fig. 62).

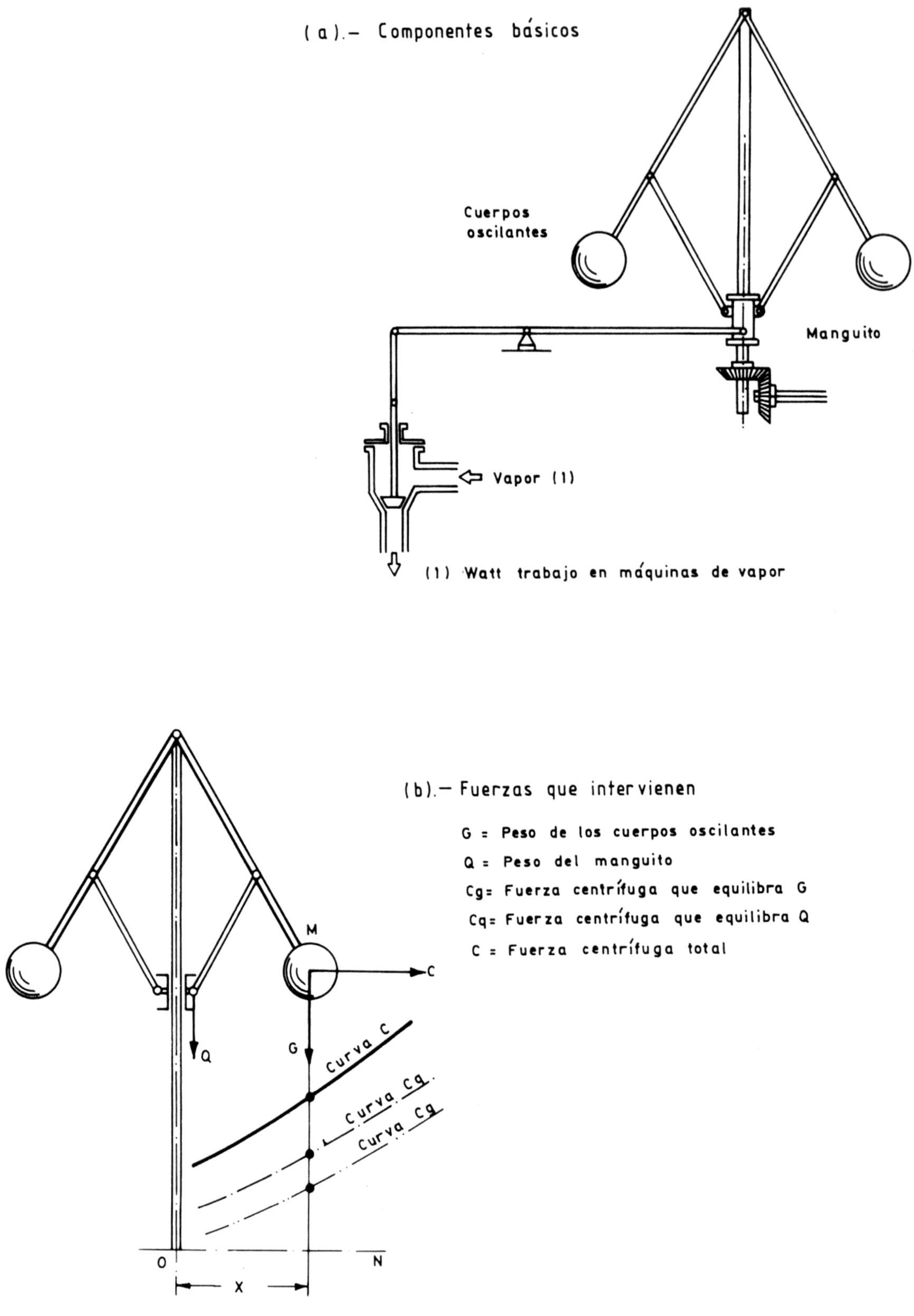

Fig. 62.— Detalles de un regulador de Watt.

En base a lo indicado, oportunamente describiremos de forma muy sencilla, el principio de funcionamiento de un regulador, partiendo de un esquema que podemos considerar tipo. También expondremos toda aquella terminología, hoy en uso, que sirve para identificar y definir componentes, funciones y modos de actuar de los mismos.

9.3. Clasificación de los reguladores de velocidad

Una clasificación, relativamente extensa, se puede establecer de los reguladores de velocidad, en función de las características de sus componentes, manera de operar, etc. La resumiremos a los siguientes aspectos:

Por los componentes fundamentales

En la actualidad, dos procedimientos distintos se utilizan como medios esenciales, en los que radica el fundamento de los reguladores automáticos.

El primero, y más generalizado, se basa en el desplazamiento o elevación, por efecto de la fuerza centrífuga, de masas giratorias denominadas **péndulos del regulador** (fig. 63).

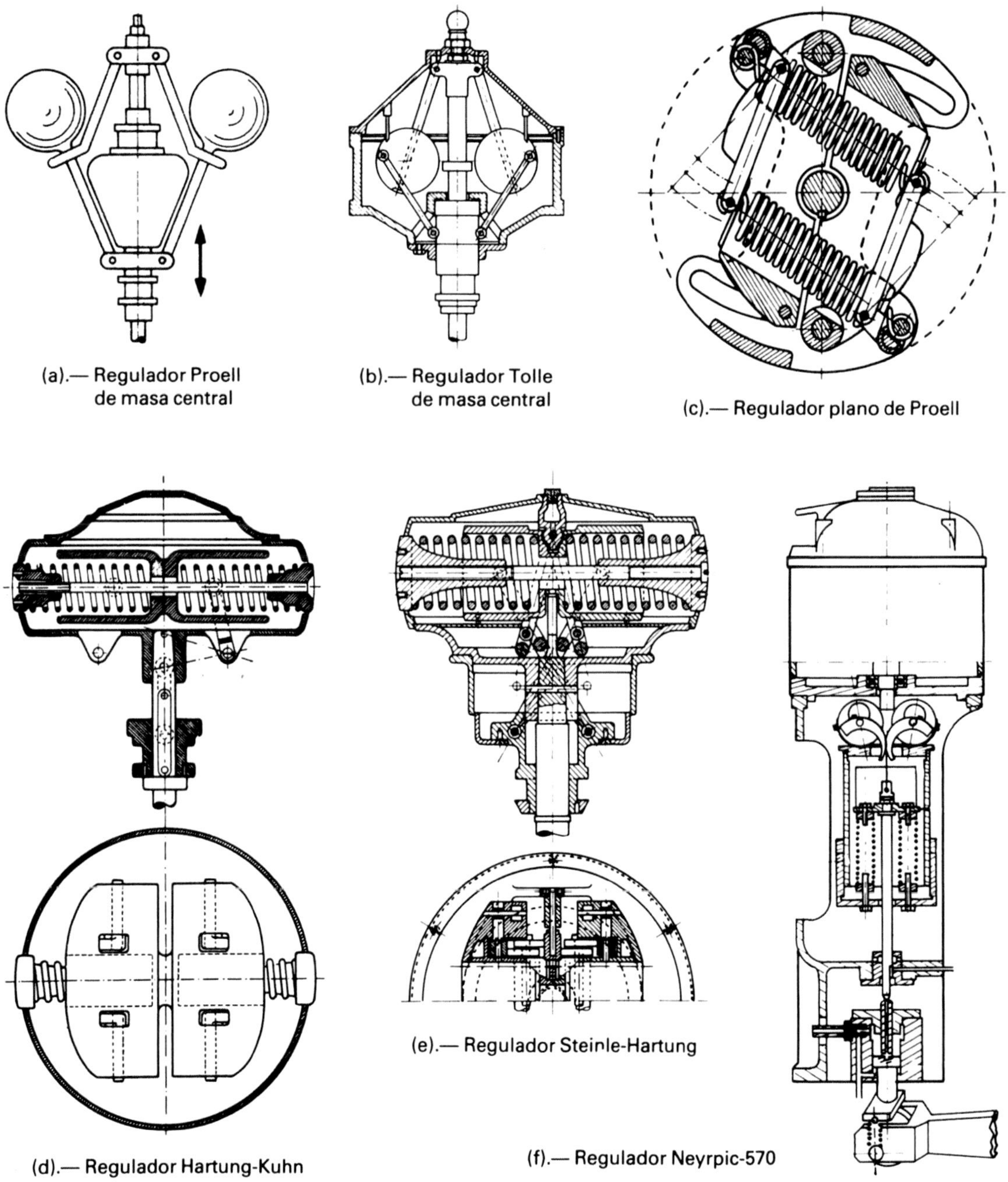

(a).— Regulador Proell de masa central

(b).— Regulador Tolle de masa central

(c).— Regulador plano de Proell

(d).— Regulador Hartung-Kuhn

(e).— Regulador Steinle-Hartung

(f).— Regulador Neyrpic-570

Fig. 63.— Diversos tipos de dispositivos tacométricos para reguladores centrífugos.

El segundo se fundamenta en la medida directa y exacta de valores de frecuencia, por medio de dispositivos de alta sensibilidad, destinados a tal fin.

Ambos constituyen, aisladamente, el **dispositivo tacométrico** del regulador, conocido también como **cabezal de regulación,** empleado en detectar el valor del número de revoluciones que tiende a dar la turbina en cada momento y, consecuentemente, a actuar sobre una serie de mecanismos como palancas, balancines, válvulas, etc., con el objeto de, a su vez, mantener la velocidad nominal del grupo, después de que las señales de regulación, convenientemente amplificadas y emitidas por dichos mecanismos los cuales en su conjunto forman el propio regulador, son recogidas y obedecidas bien por el equipo de regulación que gobierna al distribuidor de la turbina, o directamente por este último.

Por lo expuesto, podemos establecer una primera clasificación en los términos siguientes:

— Reguladores centrífugos
— Reguladores eléctricos

Por la forma de actuar

— Reguladores de acción directa
— Reguladores de acción indirecta

La diferencia entre ambos, basados en los procedimientos mencionados anteriormente, estriba en que la señal de regulación, emitida por el tacómetro, pase directamente del regulador al distribuidor de la turbina, reguladores de acción directa; o que dicha señal sea transmitida por medio del equipo de regulación, servomotores, caso del regulador de acción indirecta.

Estos últimos son los más utilizados, dada la envergadura y potencia de las turbinas actuales, necesitándose unos elementos auxiliares de regulación, capaces de desarrollar los elevados esfuerzos que se requieren para conseguir que las palas directrices del distribuidor, etc., respondan rápidamente a las señales de regulación, adoptando las posiciones adecuadas, en razón al mayor o menor caudal de agua que deba de incidir sobre los álabes del rodete.

Los reguladores de acción directa, apenas se utilizan hoy día, salvo en instalaciones de escasa potencia, por influir, sobre los mismos, efectos perjudiciales de pendulación, como consecuencia de intervenir tacómetros de grandes dimensiones, con masas giratorias de mucho peso, lo que origina un funcionamiento inestable y falto de precisión, por la dificultad en establecer un grado de insensibilidad adecuado.

Para subsanar dichos inconvenientes, se recurre a un **amortiguador hidráulico** (dashpot), al objeto de que el regulador actúe más pausadamente, ante la presencia de variaciones rápidas del trabajo resistente que influye en la turbina. Tal amortiguador también se dispone en los reguladores de acción indirecta, cuyo dispositivo tacométrico es de dimensiones y masas considerablemente reducidas, en comparación con las del regulador de acción directa.

Oportunamente hablaremos del modo de actuar de un amortiguador.

9.4. Accionamiento de los reguladores de velocidad

Al regulador, y concretamente a su dispositivo tacométrico, se transmite continuamente la velocidad del grupo, al objeto de que detecte las variaciones que puedan surgir en cada instante. En definitiva, entre el grupo y el regulador, existe una conexión que acciona al tacómetro, de forma más o menos directa.

En el caso de reguladores centrífugos, la conexión se puede llevar a efecto mediante:

Transmisión por correa

Una correa transmite el giro del eje del grupo al eje del tacómetro.

Se utiliza cuando se trata de máquinas de pequeña potencia. No es recomendable su empleo en grupos de mediana y gran potencia, debido a la inseguridad de funcionamiento (elasticidad incontrolada, rotura, etc.), y a la falta de precisión del regulador.

Transmisión mecánica rígida

Se consigue por engranajes, transmisiones cardans, etc.

Presenta el inconveniente de que las oscilaciones que se producen en el eje del grupo, se comunican instantáneamente al tacómetro, haciendo que éste tenga un funcionamiento brusco e irregular, lo que repercute en la fiabilidad de la regulación.

Transmisión eléctrica

Es el sistema más utilizado actualmente, por su seguridad de funcionamiento y uniformidad de respuesta.

El dispositivo de masas giratorias (fig. 63 f), es movido por un pequeño motor eléctrico, alimentado directamente por una conducción eléctrica tomada: del propio alternador (mediante transformación previa); de la excitatriz principal (cuando es individual para el grupo); o proveniente de un generador auxiliar acoplado al eje del grupo, conocido como **generador de imanes permanentes** o **alternador piloto** siendo esta última solución la más habitual (fig. 64).

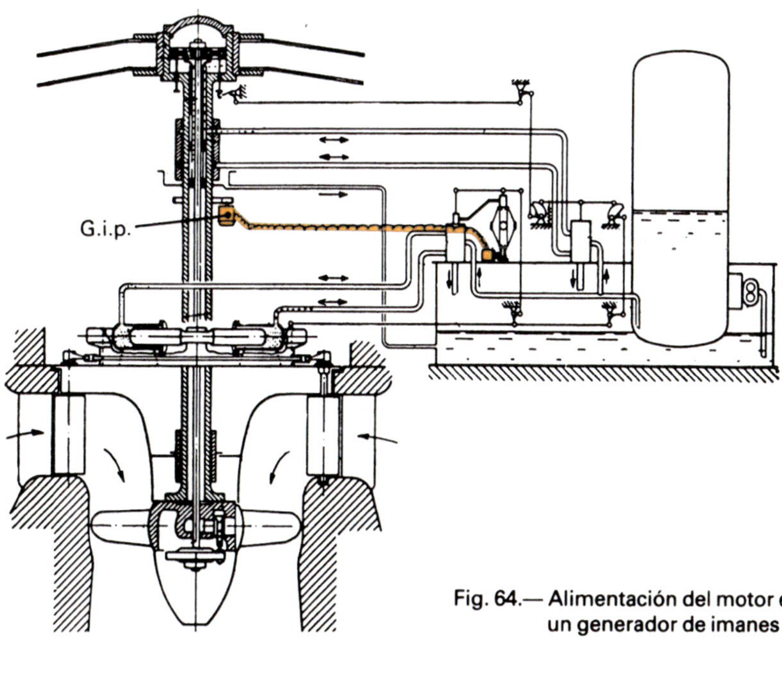

Fig. 64.— Alimentación del motor eléctrico del regulador mediante un generador de imanes permanentes (G.i.p.).

En estos casos, el motor eléctrico que acciona al tacómetro, es casi siempre de tipo asíncrono de pequeño deslizamiento, con el fin de evitar oscilaciones perjudiciales al regulador.

Para los reguladores eléctricos, en los que el dispositivo tacométrico está constituido por equipos de medida directa de la frecuencia, éstos reciben, los valores de dicha frecuencia, de un generador de imanes permanentes, en la mayoría de los casos. La velocidad de funcionamiento normal, está representada por una magnitud proporcional a un valor predeterminado de la frecuencia del generador de imanes (fig. 65).

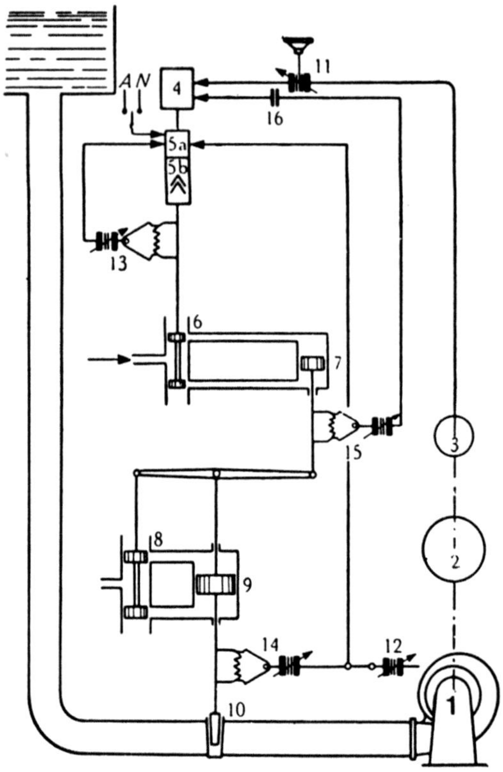

1.— Turbina
2.— Alternador
3.— Generador de imanes permanentes
4.— Armario de mando
5a.— Bobina móvil
5b.— Amplificador hidráulico
6.— Válvula piloto
7.— Servomotor piloto
8.— Válvula principal
9.— Servomotor principal
10.— Válvula de paso de agua al rodete
11.— Ajuste de frecuencia
12.— Ajuste de carga
13.— Variómetro para el circuito proporcional
14.— Variómetro para el estatismo
15.— Variómetro para el estatismo transitorio
16.— Condensador diferenciador

Fig. 65.— Regulador eléctrico Brown-Boveri para turbinas hidráulicas.

Hemos de considerar los modernos reguladores de velocidad constituidos por equipos electrónicos, con los que se consigue una regulación mucho más rápida y exacta, a la vez que sus dimensiones son más reducidas. La transmisión del número de revoluciones del eje hacia el regulador, se logra mediante un circuito conectado al denominado **generador de impulsos** (pick-up), componente electromagnético, instalado en una determinada zona del eje del grupo adecuada a las características del mismo, que capta y transfiere, al componente electrónico que hace las veces de tacómetro del regulador, las revoluciones del grupo en cada instante, en forma de impulsos de corriente.

Tecnologías más avanzadas, permiten prescindir del generador de impulsos, al detectar la velocidad mediante valores de tensión, traducidos a valores de frecuencia, tomados de los transformadores de tensión de los circuitos de protección o medida del generador. Estando éste desexcitado, es suficiente el pequeñísimo valor de tensión (0,5 V o menor) originado por el magnetismo remanente.

Observamos que, la aplicación de la electrónica, da origen a los **reguladores electrónicos,** concepto que amplía la clasificación expuesta inicialmente.

9.5. Principio de funcionamiento de un regulador de velocidad

Para comprender de manera muy sencilla el principio de funcionamiento de un regulador, vamos a realizar el estudio considerando un regulador elemental, cuyos componentes claves sean fácilmente identificables, tanto por su situación dentro del conjunto como en su actuación.

Seguiremos el esquema de un regulador centrífugo de acción indirecta, ya que se analiza, con gran claridad, la función del dispositivo tacométrico. Además, hemos de tener en cuenta que en el caso de los reguladores eléctricos, a excepción del tacómetro, los restantes componentes son prácticamente idénticos a los de los reguladores centrífugos.

En los reguladores que actúan por la acción de la fuerza centrífuga, cuanto mayor es el número de revoluciones del eje del tacómetro, mayor es la elevación o separación de las masas o péndulos, respecto de dicho eje de giro, en virtud de una tendencia del grupo a aumentar su número de revoluciones. Con la velocidad nominal de éste, mantienen una posición de equilibrio.

Los mecanismos del equipo de regulación, exigen unos esfuerzos superiores a los que pueden obtenerse directamente con los elementos del propio regulador, por ello la razón de los reguladores de acción indirecta, los cuales, mediante palancas, balancines, válvulas intercaladas en el circuito de aceite a presión, y otros mecanismos, actúan sobre los servomotores del distribuidor, intercalados también en dicho circuito de aceite.

Los vástagos de los émbolos de los servomotores respectivos se enlazan, por medio de bielas, al anillo de distribución de la turbina, abriendo o cerrando el paso de agua hacia los álabes o palas del rodete, con lo que se equilibran, en breve tiempo, los trabajos motor y resistente.

Para obtener una regulación estable, es necesario que el efecto de la regulación sea tal que reaccione lo más rápidamente posible al presentarse la causa perturbadora, como es la variación de carga. Así mismo, la turbina también ha de actuar en consonancia, contra la gran inercia de la columna de agua existente en la conducción o tubería forzada, que, si es de gran longitud, influye desfavorablemente sobre las condiciones de estabilidad del regulador, por intervenir el fenómeno de golpe de ariete que, si no es controlado debidamente, puede provocar el aumento instantáneo de la velocidad de la turbina en el momento que se cierra el distribuidor, originándose un efecto contrario al deseado, cual sería el de reducir la velocidad.

Otro efecto perturbador, que tiende a desestabilizar la acción del regulador sobre el grupo, son las ondas de presión, que circulan arriba y abajo por la conducción o tubería forzada, desde la toma de agua hasta el desagüe de la turbina, creadas al moverse las válvulas de aguja, palas directrices, palas del rodete, etc.

Por estos motivos, la rapidez de intervención del regulador ha de ser ajustada y mantenida entre ciertos límites.

Vamos a entrar de inmediato en el estudio de los reguladores, en lo que a su constitución y actuación se refiere, considerándolos desde un punto de vista muy elemental. Nos basaremos en dos sistemas de regulación, conocidos por las denominaciones de:

— Regulación ASTATICA
— Regulación ESTATICA

9.5.1. Regulación astática

Sea un regulador centrífugo de acción indirecta que actúa sobre un servomotor, el cual, a su vez, gobierna al anillo de distribución de la turbina (fig. 66).

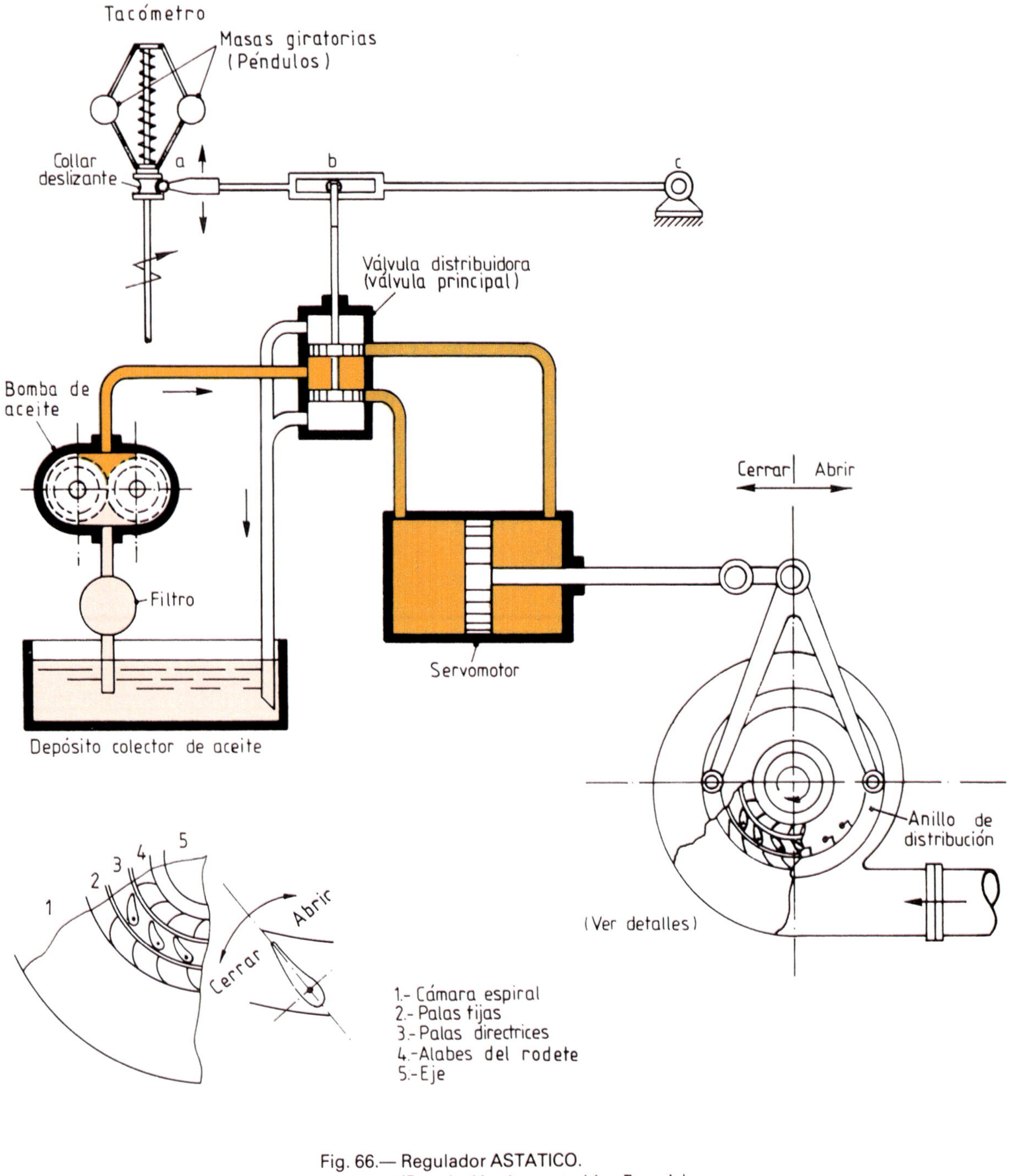

Fig. 66.— Regulador ASTATICO.
(Regulación de una turbina Francis)

Tanto las masas giratorias, como la acción del muelle antagonista del tacómetro y los recorridos de los émbolos de la **válvula distribuidora,** llamada también **válvula principal,** están calculados para regular la velocidad de la turbina al valor requerido. Una bomba, generalmente de tipo rotativo, envía aceite al circuito, sometido de forma constante a una determinada presión.

Centrémonos en los sucesivos esquemas elementales mostrados, e intentemos hacer una abstracción total en el análisis de los mismos.Partimos de una situación inicial de funcionamiento normal, en la que el conjunto se encuentra tal y como indica la figura 66.

Consideremos, como principal referencia, la horizontalidad de la palanca abc, sobre cuyo extremo fijo c ésta se apoya y puede girar hacia arriba o hacia abajo, según actuación del tacómetro, al que, por medio de un collar deslizante sobre su eje por la acción de las masas giratorias, se une la palanca en su extremo a, mediante una conexión adaptable y con libertad de movimiento sobre este punto. La conexión del vástago de la válvula distribuidora sobre la palanca, en el punto b, también es deslizante.

Caso de disminuir la carga, la turbina tenderá a aumentar su velocidad, lo cual será detectado por el tacómetro, cuyo eje girará más rápido, elevándose los péndulos y el collar solidario a los mismos, debido a la fuerza centrífuga desarrollada, y por consiguiente, el extremo a de la palanca (fig. 67).

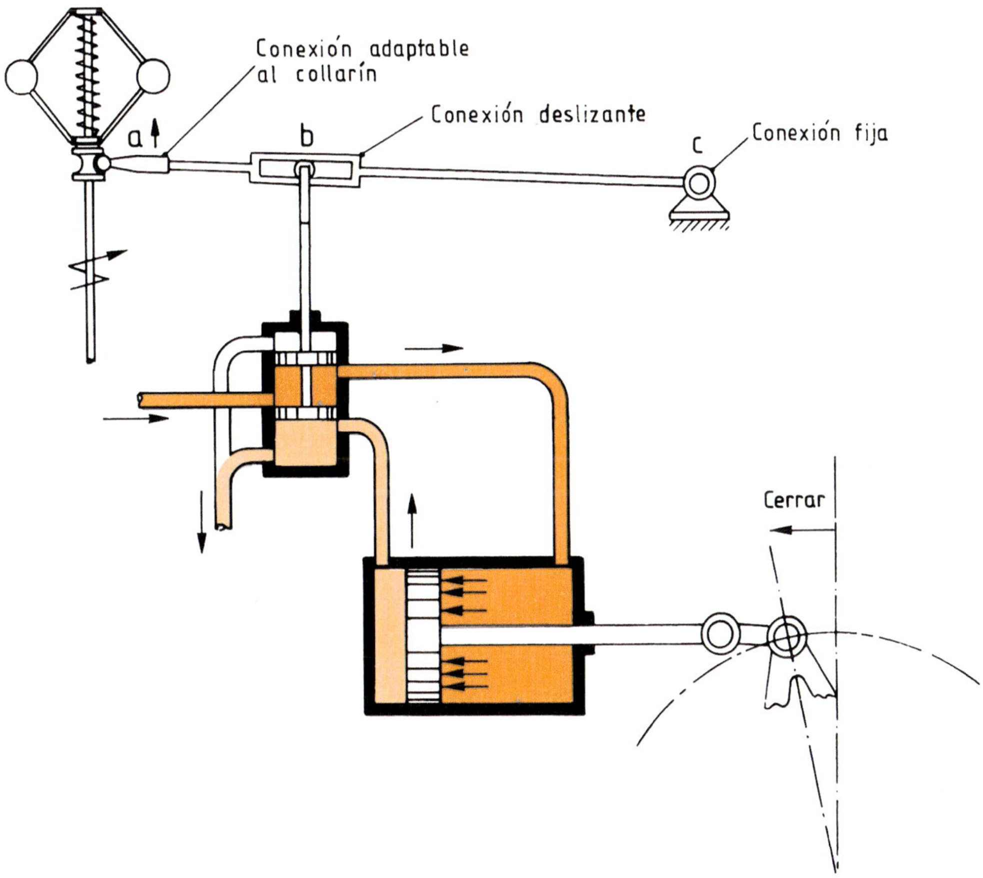

Fig. 67.— Actuación del regulador ASTATICO, al disminuir la carga.

Los émbolos de la válvula distribuidora, movidos desde el punto b de la palanca, toman una posición tal, que el aceite tiene camino abierto hacia el lado derecho del servomotor (según disposición de la figura), el cual acciona al anillo de distribución en el sentido de «cerrar». En los reguladores actuales, el mando de la válvula distribuidora se realiza por medio de una **válvula piloto,** constituida por un émbolo diferencial u otro dispositivo análogo, que permite reducir los esfuerzos requeridos a la palanca de maniobra y, al mismo tiempo, aumentar la sensibilidad del regulador.

Una vez que el paso de agua ha disminuido, la velocidad de la turbina tiende a aminorarse y el tacómetro responde al nuevo número de revoluciones, reduciendo también su velocidad, con lo que los péndulos y los puntos a y b de la palanca descienden, situándose los émbolos de la válvula distribuidora en la posición de origen. No obstante, esta situación no se logra de forma instantánea, por producirse una serie de oscilaciones, por efecto de la inercia que lleva el collar del tacómetro en los desplazamientos sobre su eje, debido a la propia inercia de las masas giratorias.

Se deduce que existe una sola posición del punto a para asegurar la situación media de los émbolos de la válvula distribuidora. Nos encontramos ante un regulador que **MANTIENE CONSTANTE EL NUMERO DE REVOLUCIONES** del grupo, **SEA CUAL SEA EL VALOR DE LA CARGA SOLICITADA, característica astática** (fig. 68).

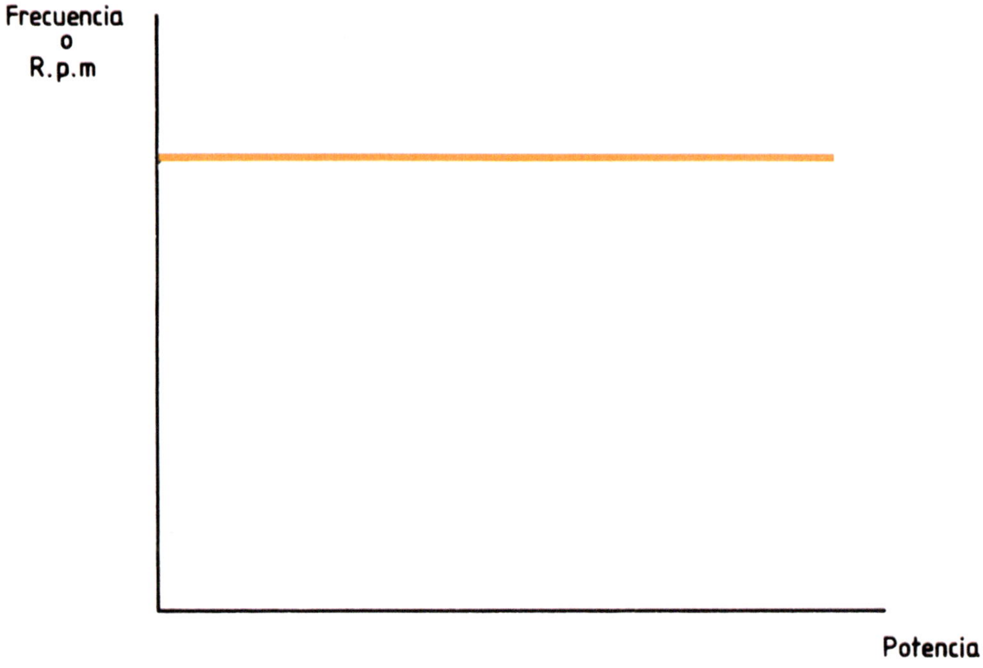

Fig. 68.— Característica ASTATICA de la frecuencia o r.p.m. en función de la potencia.

Los reguladores que se basan en tal condición, reciben el nombre de **reguladores astáticos,** conocidos también como **isódromos** (igual recorrido), los cuales caracterizan la **regulación astática** o **isodrómica**.

Los reguladores astáticos, no son utilizados normalmente, ya que cuando se trata de repartir cargas, entre dos o más grupos, la repartición se hace de manera indeterminada, corriéndose el riesgo de que un grupo se haga con toda la carga y los otros queden sin ella, por la dificultad que existe en que los reguladores vayan perfectamente de acuerdo. Además, un regulador astático, tiene tendencia a oscilar en caso de variaciones repentinas de carga, de tal modo que se originarían continuamente sobrerregulaciones y subregulaciones.

9.5.2. Regulación estática

Para hacer posible el trabajo en común de varias máquinas, debe de evitarse la indeterminación que presenta el regulador astático, en el que a un número de revoluciones por minuto dado, corresponden tantos valores de potencia como se desee, dentro de los límites del grupo.

Debe conseguirse que, a cada valor de potencia, le corresponda la adecuada velocidad o frecuencia respectiva.

Esta condición viene realizada por una característica ligeramente descendente, la cual recibe el nombre de **característica estática.** Se representa por una curva, prácticamente una línea recta, que indica la ley de dependencia entre la velocidad del grupo y la potencia, de tal modo que se aprecia cómo la frecuencia o el número de revoluciones por minuto descienden al aumentar la potencia suministrada (fig. 69).

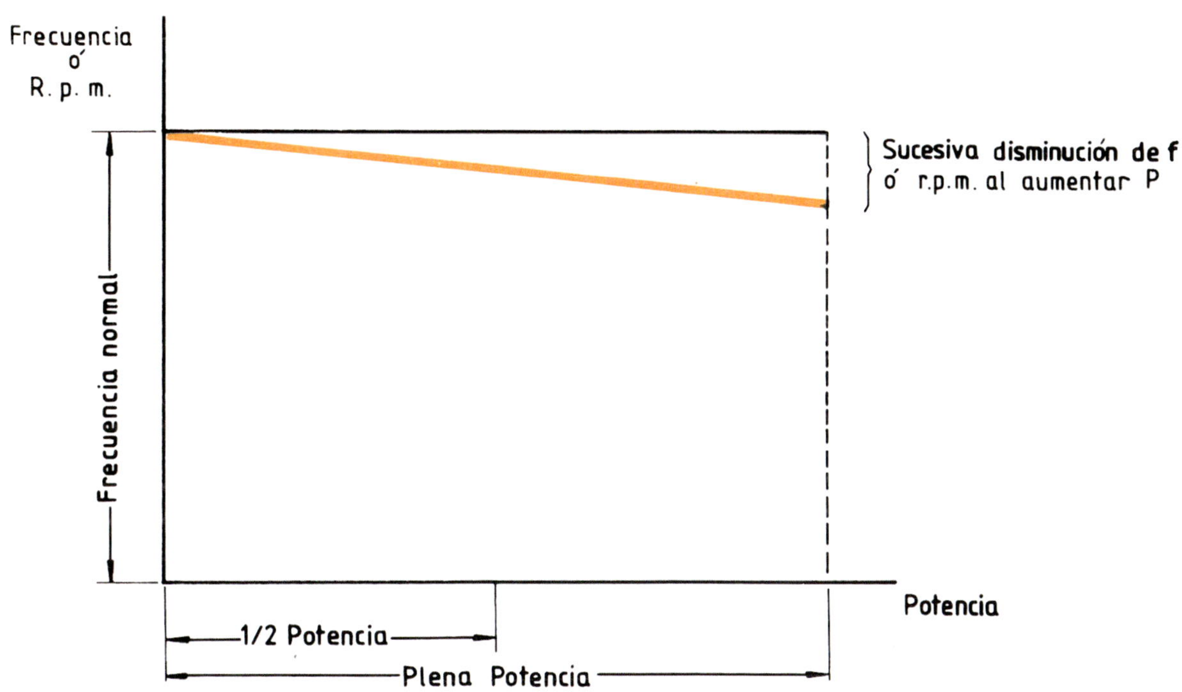

Fig. 69.— Característica ESTATICA de la frecuencia o r.p.m. en función de la potencia.

La característica mencionada, da origen e identifica a los **reguladores estáticos,** que proporcionan una **regulación estática,** también denominada **regulación en descenso.**

De manera gráfica, muy sencilla, analizaremos el funcionamiento de un regulador estático. Sigamos el esquema representado en la figura 70, cuya única diferencia, respecto del regulador astático, radica en que en el caso presente tenemos un nuevo dispositivo, compuesto por la barra cd y la cuña AA', esta última, solidaria al vástago del servomotor, según la orientación indicada (conforme disposición de la figura), la cual sigue sus movimientos, con lo que el punto de giro c, de la palanca abc, ya no es fijo, dependiendo su posición de la que adopte el émbolo del servomotor, como consecuencia del desplazamiento ascendente o descendente del extremo d, de la barra cd, sobre la cuña AA', según se abra o cierre respectivamente el distribuidor.

9.6. Componentes fundamentales de un regulador de velocidad

Aparte de los componentes ya mencionados, tales como tacómetro, válvula piloto, válvula distribuidora, etc., todo regulador cuenta con mecanismos, para realizar funciones parciales muy definidas, que complementan la fundamental, cual es la regulación. Si bien, en los nuevos reguladores, son electrónicos los dispositivos que no han de transmitir esfuerzos directos, hacemos una sucinta exposición de los más significativos, basándonos, por similitud de cometido, en los puramente mecánicos (fig. 74). Así tenemos:

Control de caída de velocidad

Este dispositivo, vinculado estrechamente al equipo estabilizador, se conoce también como **dispositivo de estatismo permanente, control del grado de estatismo, control de caída relativa de vacío a plena carga, control de velocidad inherente,** etc.

Tiene como misión, prefijar la repartición de la carga entre dos o más grupos acoplados en paralelo.

Permite ajustar la caída de velocidad desde el valor cero hasta el 6 %, aproximadamente, de la velocidad de régimen a plena carga.

El valor usualmente ajustado, está comprendido entre el 2 y el 4 %, dependiendo de las fluctuaciones de carga previstas en el sistema.

Cuando se ajusta para caída de velocidad de valor cero, posición de regulación totalmente astática (velocidad constante para cualquier carga), el grupo tenderá a aceptar todas las oscilaciones de carga. En cambio, éste se opondrá a dichas oscilaciones en mayor grado cuanto mayor sea el valor ajustado, es decir, menor será la proporción de las fluctuaciones de carga del sistema tomadas por los grupos.

Control de velocidad

O, en sentido más amplio, **control de carga-velocidad,** distinguiendo como control de carga cuando actúa sobre la máquina acoplada, y control de velocidad cuando está desacoplada.

Está gobernado por un motor eléctrico, con reductora y embrague, denominado **motor de ajuste de velocidad** o **motor de sincronización** porque se utiliza para ajustar la velocidad de sincronismo del grupo, cuando se realiza la maniobra de acoplamiento de éste, en paralelo, al sistema.

Este mecanismo puede ser controlado a distancia, a través del motor, desde los pupitres del Cuadro de Control; o localmente, desde el propio cuerpo del regulador.

Debido a la acción que ejerce el muelle limitador del tacómetro, le permite al Operador mantener los valores requeridos de carga o de velocidad, según proceda, haciendo los ajustes oportunos. En condiciones de funcionamiento normal del grupo, las acciones sobre el dispositivo del control de carga, son ejercidas directamente por el llamado **equipo de telerregulación** o, lo que es lo mismo, regulación automática a distancia, desde un centro común de coordinación, conocido como **Despacho Central de Maniobras** (D.C.M.), todo ello según exigencias del servicio en la red.

Control del límite de apertura

Su denominación más usual es la de **limitador de carga.**

Consiste en un mecanismo que, accionado por motor, bloquea el movimiento de la válvula piloto, estableciendo el límite de carga que debe proporcionar el grupo, en relación con el límite de apertura permitido al distribuidor.

Puede ser maniobrado a distancia o localmente.

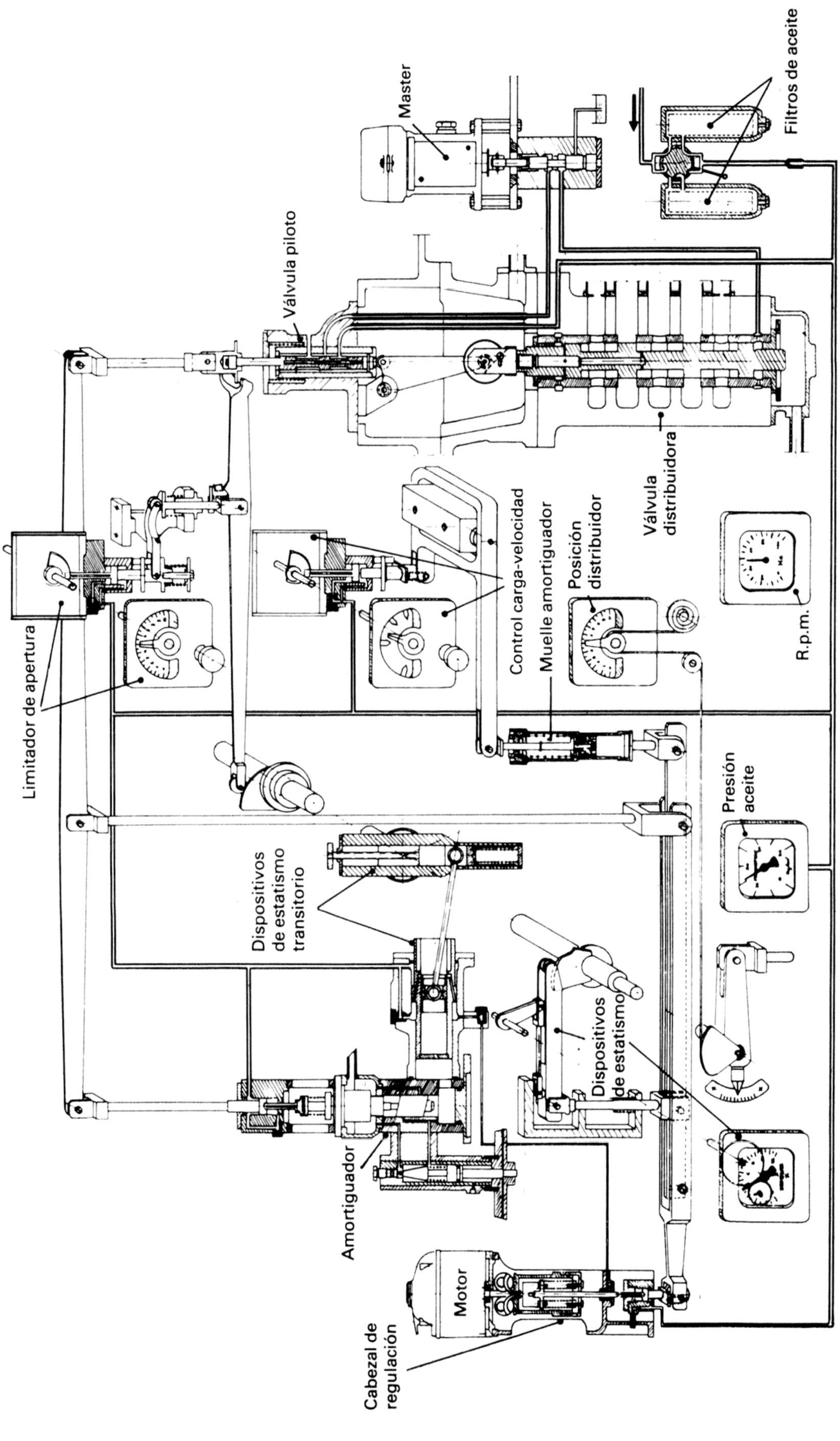

Fig. 74.— Componentes fundamentales de un regulador de velocidad.

Control de desconexión por exceso de velocidad

También se identifica como **control de desconexión por sobrevelocidad** o **embalamiento.** El exceso de velocidad se detecta por dos procedimientos distintos.

Uno, puramente mecánico, consiste en la utilización de interruptores centrífugos, situados convenientemente sobre distintas zonas del eje del grupo, los cuales, según proceda, intervienen en los circuitos de control, eléctricos o de aceite a presión, destinados a tal fin. Otro está basado en la alimentación directa de los circuitos de control por medio del generador de imanes permanentes o el generador de impulsos.

Para cada turbina, se suelen establecer dos valores de sobrevelocidades o **escalones de exceso de velocidad,** denominados **primer escalón** y **segundo escalón,** disponiéndose de los controles respectivos para cada uno de ellos.

En el primer escalón, el valor de velocidad bajo control está comprendido entre el 110 y el 125 % del valor nominal, dependiendo de las características del grupo, produciéndose una alarma de prevención al alcanzar el número de revoluciones por minuto establecido. El segundo escalón corresponde a velocidades del orden del 140 al 150 %, y provoca el cierre inmediato de la compuerta o válvula de alimentación, así como del distribuidor si no existen fallos en éste.

En ambos casos, a través de los controles mencionados, el regulador da órdenes de cierre total al distribuidor, si bien, cuando se trata del primer escalón, existe la posibilidad de espera de un comportamiento del grupo que permita la recuperación del número normal de revoluciones por minuto. El embalamiento se da cuando, el regulador, no responde eficazmente ante un desacoplamiento con carga.

9.7. Sistema de aceite de regulación de velocidad

En una central, cada grupo dispone del apropiado sistema de aceite a presión, destinado al correcto funcionamiento tanto del regulador en sí como del equipo de regulación que este último gobierna, controla y regula. Dado que no procede particularizar sobre una instalación concreta, expondremos en sentido muy amplio las características más destacadas de dicho sistema, respecto a componentes y funciones esenciales.

Hemos hablado de la necesidad de disponer de grandes esfuerzos, para accionar los servomotores que, a su vez, regulan la posición del distribuidor. Ello se logra mediante la aplicación de elevadas presiones en el circuito de aceite que recorre las válvulas y mecanismos mencionados, presiones que se consiguen con bombas de gran potencia. Ahora bien, además de éstas, son varios los elementos que integran el sistema de aceite a presión para un solo grupo, estando reflejados en la siguiente relación los más significativos.

Grupos moto-bombas

En las grandes instalaciones, normalmente se montan varios grupos motobombas, a fin de que unos mantengan el servicio de forma continua y otros entren en funcionamiento cuando la presión, necesaria en el circuito, descienda por debajo de unos valores preestablecidos. Periódicamente se alternan las funciones encomendadas a dichos grupos, para equilibrar el número de horas de trabajo de los mismos.

Las bombas, como ya indicamos oportunamente, suelen ser de tipo rotativo, las cuales envían aceite al sistema a una presión considerablemente elevada, llegándose a trabajar con valores superiores a los 100 kg/cm^2, en las instalaciones modernas, al disponer de materiales y métodos de soldadura que permiten la construcción de equipos compactos de reducidas dimensiones.

Un conjunto de **válvulas de cambio,** permite que el aceite pase al **calderín de presión de aceite-aire** y, por consiguiente, al circuito del regulador y equipo de regulación; o descargue en el **depósito colector,** sin presión, del cual toman los tubos de aspiración de las bombas, a través de filtros de aceite.

Filtros de aceite

En cada entrada de bomba, se instala un filtro que retiene las impurezas que pueden estar en suspensión en el aceite, evitando que las mismas pasen a los delicados mecanismos de precisión del regulador, impidiendo posibles fallos en los mismos como consecuencia de obstrucciones, agarrotamientos, etc.

Refrigeradores

Para que el aceite no adquiera temperaturas elevadas, lo cual podría repercutir desfavorablemente en su correcta utilización y conservación (grado de viscosidad, descomposición, etc.), se colocan convenientemente equipos de refrigeración.

Los refrigeradores están diseñados de tal modo, que el agua de refrigeración no puede acceder nunca al circuito de aceite, en caso de rotura de los conductos del serpentín de agua, por encontrarse ésta a menor presión que el aceite. Cuando las bombas están paradas, grupo fuera de servicio, se debe de cerrar el paso de agua.

El agua de refrigeración del aceite de regulación puede ser tomada de la tubería de agua de refrigeración del cojinete guía de la turbina, o de otra conducción de la instalación propia para este cometido.

Calderín de presión de aceite-aire

Se denomina **calderín de regulación.** En él, se acumula y mantiene el aceite, a una presión elevada y estable, mediante una cámara de aire a presión, suministrado por un sistema de compresores y calderines. Dicha cámara, además de permitir utilizar gran cantidad de aceite sin pérdida de presión, hace función de amortiguador, manteniendo el nivel de aceite de manera reposada, evitando borboteo, torbellinos y su posible gasificación.

Dispone de los flotadores y presostatos adecuados, los cuales accionan los contactos respectivos para provocar señales de alarma o de desacoplamiento del grupo, en caso de anormalidades, tanto por exceso o defecto en el nivel de aceite del calderín, como por variaciones sensibles del valor idóneo de la presión de aceite.

Calderín de presión de aire

Además del calderín anteriormente mencionado, por cada grupo se instala otro destinado, sólo y exclusivamente, a almacenamiento de aire a presión, para servir de suministro directo a la cámara de aire en el calderín de regulación, según exijan las circunstancias de mantenimiento de éste.

Así mismo, y dentro del equipo de regulación, conviene destacar los circuitos y electro-válvulas pertenecientes a los dispositivos conocidos como **cerrojos, master** y **seguridad.** Todos ellos intercalados adecuadamente en el sistema de aceite, y cuyas misiones respectivas son:

Cerrojos

Enclavar o desenclavar los servomotores de accionamiento del distribuidor, al parar o poner en servicio el grupo.

Master

Conocido también como **cierre de emergencia, solenoide** o **electro de seguridad,** el cual, en el momento de arranque de la turbina, y una vez desenclavados los cerrojos, permite el paso de aceite a presión hacia la válvula distribuidora del regulador, situándola en la posición intermedia. Ver figura 74.

Cuando el master es actuado por alguna de las protecciones del grupo, que sobre él intervienen, hace que la válvula distribuidora se coloque en posición que posibilite el cierre inmediato del distribuidor. Cerrado totalmente éste, se enclavan los cerrojos.

Seguridad

Tiene como misión hacer funcionar a los servomotores en el sentido de cierre del distribuidor, una vez que anula la acción que sobre éstos ejerce la válvula distribuidora del regulador. Ello sucede cuando interviene alguna de las protecciones del grupo, provocando la desconexión del mismo respecto de la red.

Se dispone de un **circuito de seguridad,** para el abastecimiento de aceite a presión, independiente del circuito de regulación. Está alimentado por un grupo moto-bomba, y cuenta con los correspondientes calderines de aceite y aire. Dicho circuito puede ser común a más de un grupo.

Es característico de grupos con unas exigencias de seguridad muy estrictas.

Las electro-válvulas que controlan los dispositivos descritos, pueden ser accionadas, voluntariamente, a distancia o localmente en sus emplazamientos.

9.8. Influencia de la regulación sobre cada tipo de turbina

Dado el planteamiento generalizado del tema que nos ocupa, consideramos que está suficientemente tratado lo concerniente a la regulación de velocidad de las turbinas hidráulicas. Sin embargo, estimamos oportuno hacer unas puntualizaciones, relacionadas con la regulación propia de cada uno de los distintos tipos de turbinas, dirigidas a resaltar las diferencias que se presentan por aspectos constructivos y de funcionamiento. Centrándonos en los tipos de turbinas ya conocidos, tenemos:

Regulación de turbinas Pelton

En este caso, la acción del regulador se realiza sobre la válvula de aguja del inyector, y también en el deflector. Por tales circunstancias, estas turbinas disponen de la denominada **doble regulación,** que establece una exacta correspondencia entre la posición de la válvula de aguja y el deflector (fig. 75).

Caso de disminuir la carga proporcionada por el grupo, bruscamente o por un disparo, el deflector interviene rápidamente en primer lugar, desviando parte del chorro hacia el exterior del rodete; posteriormente, y de forma lenta, se realiza el acercamiento de la aguja hacia la tobera, con lo que se evitan efectos perjudiciales ocasionados por la posible presencia del golpe de ariete, especialmente si la tubería forzada es de gran longitud, caso más probable, por tratarse de la alimentación de turbinas Pelton.

Al aumentar la potencia solicitada al grupo, el deflector se aleja del chorro de agua y, al mismo tiempo, la aguja se separa del orificio de la tobera, permitiendo el paso de mayor caudal de agua hacia los cangilones. El deflector queda, nuevamente, lo más cercano al chorro, dispuesto para intervenir.

Todo el conjunto, regulador y equipo de regulación, se encuentra instalado generalmente sobre la cámara de distribución.

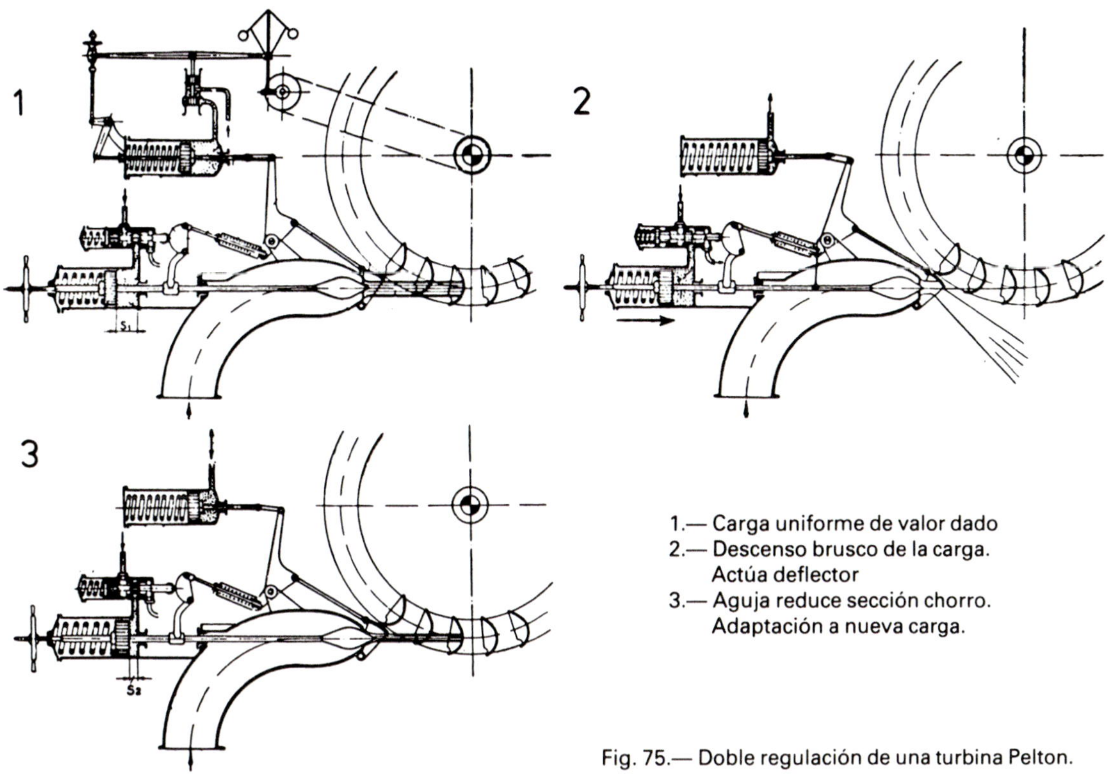

1.— Carga uniforme de valor dado
2.— Descenso brusco de la carga. Actúa deflector
3.— Aguja reduce sección chorro. Adaptación a nueva carga.

Fig. 75.— Doble regulación de una turbina Pelton.

Regulación de turbinas Francis

Tanto en éstas, como en las turbinas de hélice, la regulación actúa sólo y exclusivamente sobre las palas directrices del distribuidor, según hemos repetido en varias ocasiones (fig. 76).

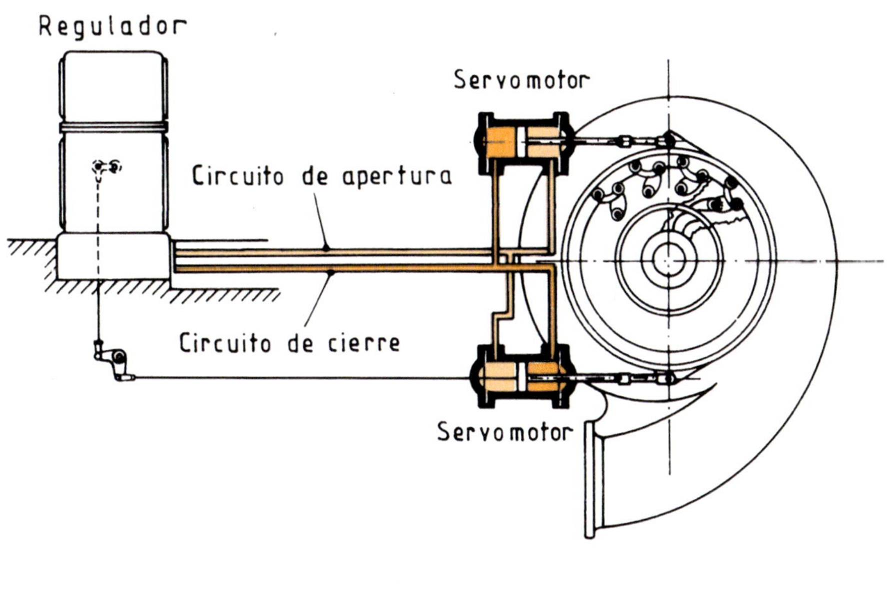

Fig. 76.— Esquema del equipo de regulación de turbinas Francis.

Regulación de turbinas Kaplan

Dentro de los tres tipos de turbinas estudiados, las Kaplan son las que disponen de un sistema de regulación más complejo, ya que, además de los elementos conocidos, destinados al accionamiento de las palas directrices del distribuidor, cuenta con los mecanismos necesarios para el gobierno de las palas del rodete, a fin de que, con la adecuada posición de las mismas, se pueda obtener el rendimiento idóneo, incluso con grandes variaciones de caudal y de altura de salto (figs. 49 y 77).

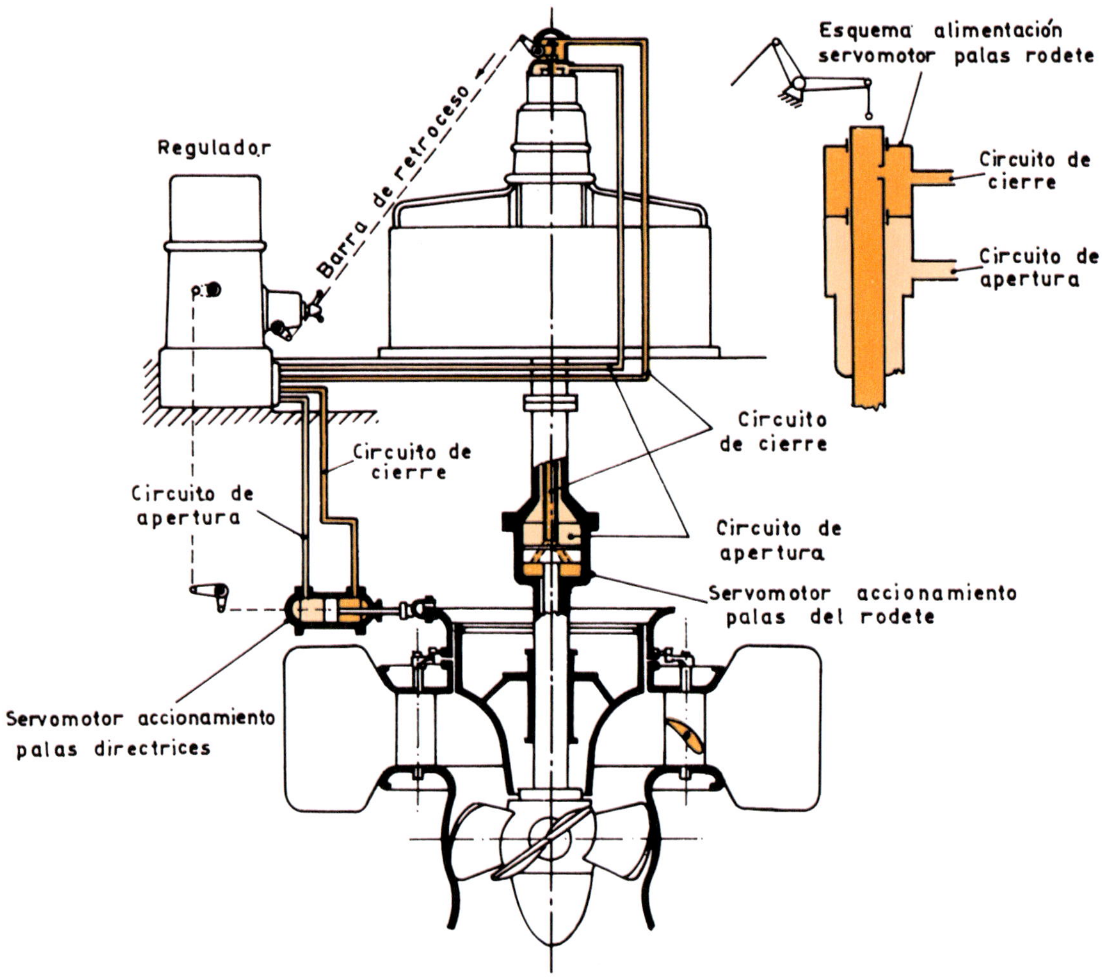

Fig. 77.— Esquema del equipo de regulación de turbinas Kaplan.

Cuando se trata de grupos pequeños, la regulación se lleva a efecto por un regulador con dos válvulas distribuidoras, con dependencia recíproca, de forma que siempre se logra la posición exacta de las palas del rodete respecto de las palas del distribuidor.

En el caso de grupos de grandes dimensiones, un regulador auxiliar externo, interconectado con el regulador que gobierna al distribuidor, controla la orientación de las palas del rodete. Entre ambos reguladores existe una gran coordinación de actuación, llegando a depender, incluso, de la cota de salto existente.

La conjugación de la posición de las palas del rodete, en relación con las del distribuidor, se consigue mediante las señales recibidas por el regulador que gobierna a este último, a través de la denominada **barra de retroceso,** la cual le transmite las sucesivas posiciones de las palas del rodete.

También existen rodetes Kaplan en los que las palas cambian de posición automáticamente, debido a la acción de fuerzas hidráulicas internas en un émbolo autocompensador, sin ser necesario el empleo de cilindros maniobrados por presión de aceite. Son los denominados **rodetes de autoajuste.**

En todos los casos, la regulación funciona de tal modo que, cuando aumenta la carga, se abren, simultáneamente, las palas del distribuidor y del rodete. Cuando desciende la carga, el distribuidor responde a la señal del regulador, cerrando con relativa rapidez; de forma más lenta se cierran las palas del rodete.

Interpretamos por apertura total de las palas del rodete, cuando éstas toman la posición de inclinación máxima, respecto a un plano perpendicular al eje de turbina que pase por los asientos de giro de las mismas. El cierre completo corresponde a la menor inclinación de dichas palas, es decir, cuando llegan casi a solapar unas sobre otras. En los arranques, se suelen orientar con un grado de apertura superior al de conjugación, normalizándose ésta al alcanzarse, aproximadamente, el 45 % de la velocidad nominal.

9.9. Reguladores de presión

No podemos dar por finalizado el tema sobre la regulación de turbinas, sin hacer una breve mención de este tipo de reguladores, llamados más apropiadamente **descargadores síncronos.**

Tienen especial utilidad en aquellas instalaciones cuyas conducciones de agua o tuberías forzadas son de gran longitud, en las cuales se prevén sobrepresiones perjudiciales, producidas por el golpe de ariete.

Con dichos descargadores se pretende reducir al máximo tales perturbaciones, ya que es prácticamente imposible eliminarlas totalmente.

Consisten en una **válvula de descarga** de agua de libre escape, controlada por el regulador de velocidad de la turbina, estando situada dicha válvula en una derivación sacada de la tubería forzada (fig. 78).

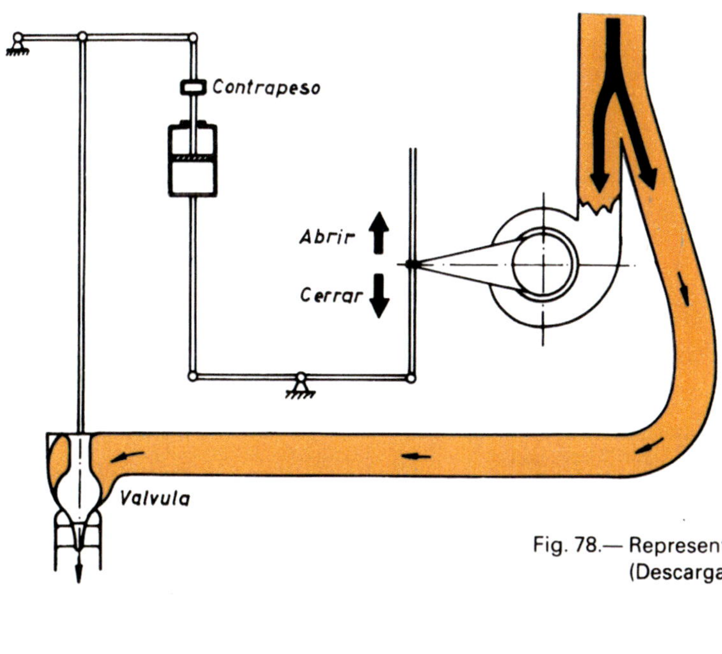

Fig. 78.— Representación esquemática de un regulador de presión. (Descargador síncrono)

Cuando el regulador actúa de modo que provoca el cierre del distribuidor, simultáneamente da orden de apertura a la válvula de descarga, con lo que, durante unos segundos, parte del caudal de alimentación a la turbina se desvía, bien hacia la cámara de descarga en el caso de una turbina Pelton, o hacia el tubo de aspiración en los restantes tipos de turbinas, sin que se produzcan sobrepresiones en la columna de agua que va al distribuidor al cerrarse éste.

De esta forma, y mediante un tarado previo de la válvula, se mantiene casi constante el caudal en la tubería forzada, durante un período de tiempo prudencial, justo el que tardan en equilibrarse los trabajos motor y resistente y desaparece el peligro de sobrepresiones (en total de 20 a 30 s), con lo que se evita el desperdicio innecesario de agua a través de la válvula de descarga.

Este dispositivo no tiene aplicación cuando se producen aumentos de carga, es decir, cuando se abre el distribuidor. Como regla general para todas las situaciones y disposición de máquinas, cuando ésto sucede, se establece que el distribuidor no tenga una respuesta de apertura demasiado rápida, sino que la separación de palas se haga en un tiempo moderado, al objeto de impedir depresiones excesivas, que también son perjudiciales, afectando principalmente a la estabilidad del regulador de velocidad.

En el caso de las turbinas Pelton, la válvula de descarga consiste en una válvula de aguja, similar a las del distribuidor, que descarga por debajo de la zona de influencia del rodete (fig. 79).

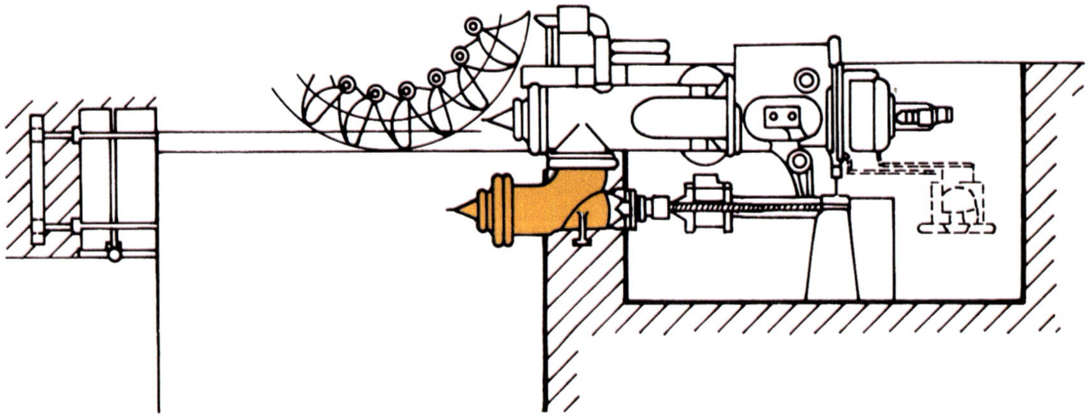

Fig. 79.— Detalle de válvula de aguja auxiliar de libre escape, en una turbina Pelton.

Según las características de las conducciones o tuberías forzadas, así como las alturas de salto existentes, aconsejan el empleo conjunto de chimeneas de equilibrio con los descargadores síncronos.

9.10. Velocidad específica de una turbina hidráulica

Considerando las referencias expuestas a lo largo del texto y el caso de que el lector, en el afán lógico de ampliar conocimientos, se dirija a consultar libros sobre el particular, nos referimos al presente concepto con el fin de orientarle y evitarle posibles errores de interpretación, respecto al estudio de la velocidad de giro real o efectiva en revoluciones por minuto de una turbina, lo que hemos dado en llamar velocidad de sincronismo $\underline{n}$.

La velocidad específica, representada normalmente por $\underline{n_s}$, denominada también **velocidad específica absoluta** o **velocidad angular específica,** corresponde al número de revoluciones por minuto que daría una turbina semejante a la que se desea proyectar (de igual forma pero dimensiones reducidas), la cual, instalada en un salto de 1 m de altura, proporcionaría una potencia de 1 CV. Ver figura 48 como ejemplo de rodete experimental.

Fórmula:

$$n_s = \frac{n}{H}\sqrt{\frac{P}{\sqrt{H}}} \quad \text{o también} \quad n_s = \frac{n\,\sqrt{P}}{H\,\sqrt[4]{H}}$$

en la que: n_s = velocidad específica en r.p.m.
n = velocidad de sincronismo en r.p.m.
P = potencia de la turbina en CV.
H = altura del salto en m.

Se deduce que, para un mismo salto y potencia a desarrollar, se pueden proyectar tantos rodetes como se desee, los cuales diferirán entre sí en el diámetro, altura y número de álabes y, por supuesto, en el número real de revoluciones por minuto $\underline{n}$ y en la velocidad específica $\underline{n_s}$ (fig. 80). Este último dato determinará las características del rodete a adoptar, por estar relacionado dicho valor con los rendimientos obtenidos en la turbina semejante, en función de las distintas cargas solicitadas, siendo estos rendimientos idénticos a los que se obtendrán en la turbina a construir (fig. 81).

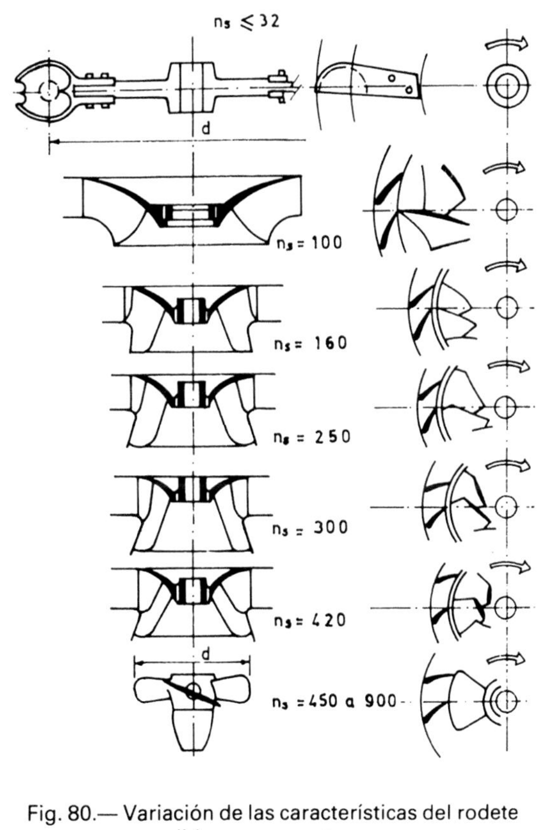

Fig. 80.— Variación de las características del rodete a medida que aumenta n_s.

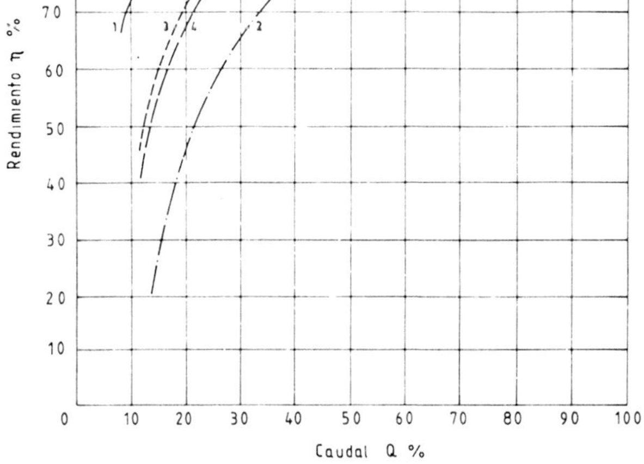

Fig. 81.— Curvas de rendimientos de las turbinas hidráulicas, en función de los caudales aportados.

Dentro de un mismo tipo de turbina (figs. 82 y 83), a mayor número de vueltas específicas, corresponden rodetes de menor diámetro y, lógicamente, menor número de álabes o palas. A la vez que aumenta la velocidad específica, el diámetro de salida D_s crece respecto al diámetro de entrada D_e. En turbinas de velocidad específica normal, $D_s \cong D_e$.

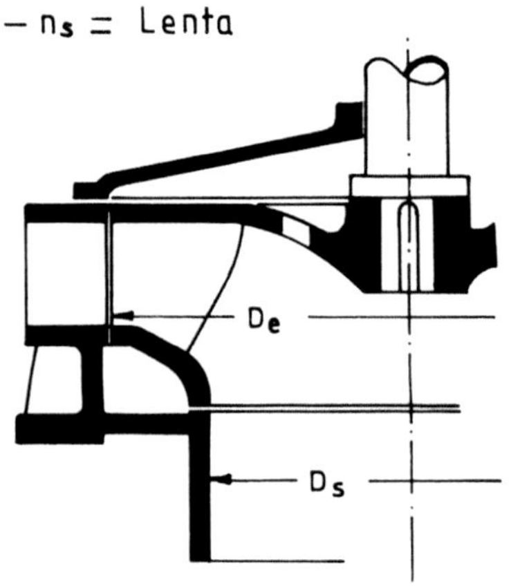

Fig. 82.— Evolución de los diámetros de entrada y salida en relación con n_s.

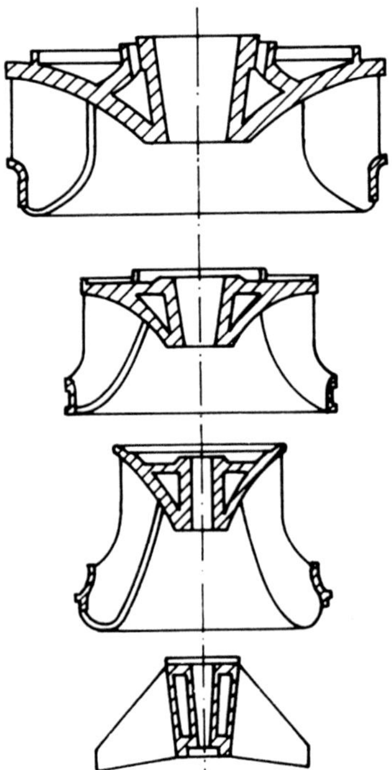

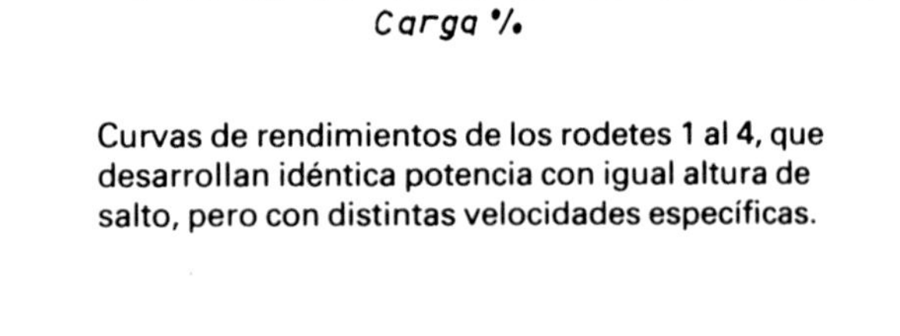

Curvas de rendimientos de los rodetes 1 al 4, que desarrollan idéntica potencia con igual altura de salto, pero con distintas velocidades específicas.

Fig. 83.— Velocidades específicas en rodetes de un mismo tipo de turbina. Rendimientos.

A medida que, en función del crecimiento de los valores de n_s, surgen nuevos diseños de rodetes, éstos se van transformando de tal modo que la serie de rodetes obtenidos quedaría limitada, en un extremo, por las características de las turbinas Pelton, propias para el caso de velocidades específicas reducidas, utilizando sucesivamente uno o varios inyectores. Dicha serie finalizaría con las características particulares de las turbinas Kaplan, las cuales corresponden a valores elevados de n_s. Como peldaños intermedios del sucesivo cambio quedan las turbinas Francis, en toda su escala de velocidades específicas lentas, normales, rápidas y extrarrápidas (fig. 84). Ver Tabla 3.

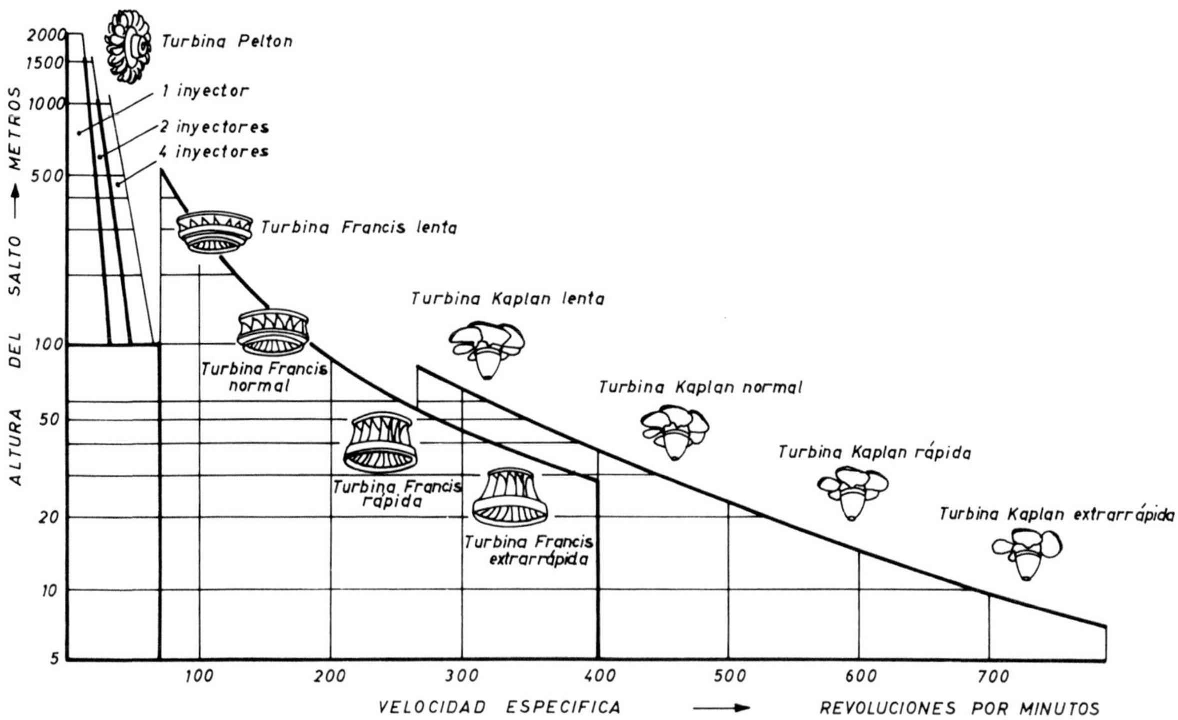

Fig. 84.— Velocidades específicas de los distintos tipos de turbinas hidráulicas, en función de la altura del salto.

TABLA 3.—TIPO DE TURBINA MAS ADECUADO EN FUNCION DE LA VELOCIDAD ESPECIFICA

Velocidad específica en r.p.m.	Tipo de turbina	Altura del salto en m
Hasta 18	Pelton de un inyector	800
De 18 a 25	Pelton de un inyector	800 a 400
De 26 a 35	Pelton de un inyector	400 a 100
De 26 a 35	Pelton de dos inyectores	800 a 400
De 36 a 50	Pelton de dos inyectores	400 a 100
De 51 a 72	Pelton de cuatro inyectores	400 a 100
De 55 a 70	Francis muy lenta	400 a 200
De 70 a 120	Francis lenta	200 a 100
De 120 a 200	Francis normal	100 a 50
De 200 a 300	Francis rápida	50 a 25
De 300 a 450	Francis extrarrápida	25 a 15
De 400 a 500	Hélice extrarrápida	15
De 270 a 500	Kaplan lenta	50 a 15
De 500 a 800	Kaplan rápida	15 a 5
De 800 a 1.100	Kaplan extrarrápida	Menos de 5

En el caso de turbinas Pelton, conjugando adecuadamente el número de cangilones, el de inyectores, e incluso el de rodetes montados sobre un mismo eje, se llega a obtener la velocidad específica deseada y, por lo tanto, la velocidad real a que ha de girar el grupo.

No ha de confundirse el valor de la velocidad nominal o de sincronismo con el de la velocidad específica. Una turbina puede haber sido diseñada partiendo de un elevado número de revoluciones específicas, y sin embargo la velocidad de sincronismo puede ser de un valor relativamente bajo. Tal es el caso de las turbinas Francis rápidas y extrarrápidas, las de hélice y Kaplan; sucediendo lo contrario con las turbinas Pelton, que tienen una elevada velocidad de sincronismo, en contraste con el bajo valor de las revoluciones por minuto específicas utilizadas en su diseño.

Por lo estudiado hasta ahora, se saca en conclusión que, a medida que se trata de saltos de menor altura, el valor del número de revoluciones efectivas n disminuye.

A título de ejemplo, en la figura 85 se muestra la evolución del tamaño y tipo de rodete, en función de n_s y n, para un salto de 110 m con un caudal nominal de 1,1 m^3/s.

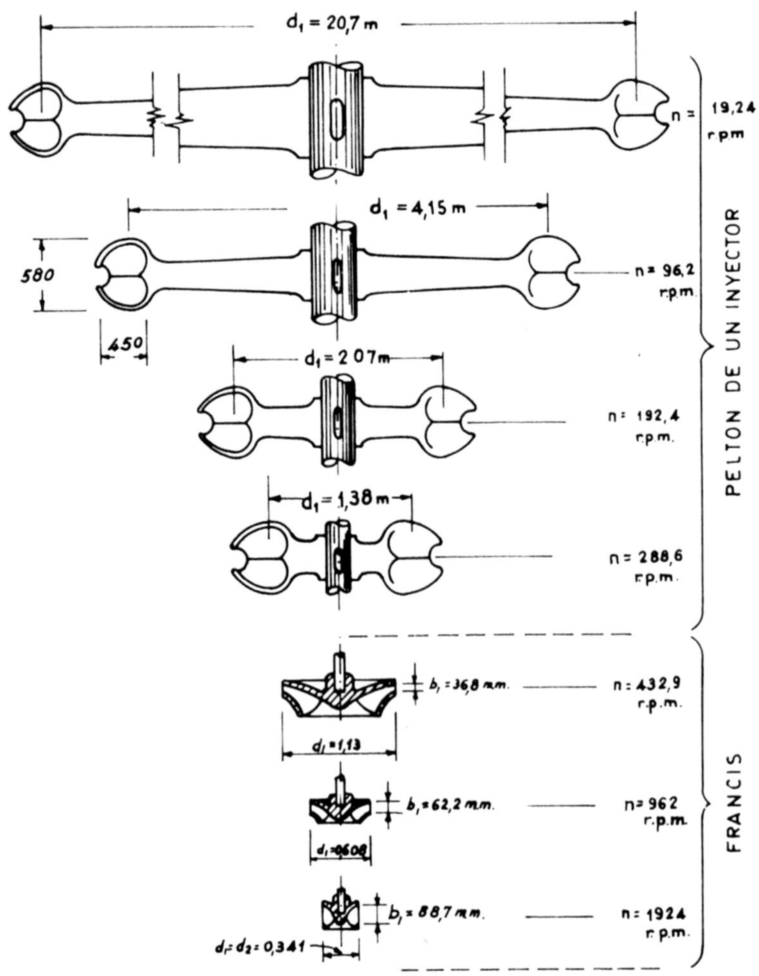

Tipo de turbina	n_s	n (r.p.m.)
Pelton de un inyector	2	19,24
	10	96,2
	20	192,4
	30	288,6
Francis	45	432,9
	100	962
	200	1924

Fig. 85.— Evolución del diseño de rodetes, en función de n_s y n, para un salto y caudal dados.

10. PROTECCIONES DE LAS TURBINAS HIDRAULICAS. GENERALIDADES

Cuando las circunstancias lo aconsejen, y siguiendo en todo caso las **Instrucciones de Maniobra,** insertas en el **Reglamento de Servicio de la Instalación,** el Operador de una central puede poner fuera de servicio, total o parcialmente, cada uno de los grupos o líneas instaladas, manejando a voluntad los dispositivos adecuados a tal fin, mediante elementos de gobierno y control, situados localmente o a distancia respecto de los distintos equipos sobre los que se desea ejercer la actuación directa.

Este proceder, corresponde a situaciones previstas de funcionamiento normal o de emergencia de la propia instalación, o que dependen de las condiciones del servicio dentro del sistema general de enlace entre centrales, las cuales son dirigidas desde el Despacho Central de Maniobras.

En definitiva, nos referimos a aquellas circunstancias de las que el Operador es plenamente consciente y responsable, por tener una visión total de las mismas y un conocimiento preciso de la forma adecuada de proceder y de los resultados favorables a conseguir.

Ahora bien, hablamos de ... «visión total de circunstancias». Es innegable que las zonas de presencia física del Operador están limitadas, y por tal motivo se ha de recurrir a los medios necesarios que faciliten la localización de una circunstancia adversa, en el proceso de funcionamiento de una instalación.

También hemos de considerar que, hoy día, existen elementos de control, tanto mecánicos como eléctricos y electrónicos, cuya velocidad de detección de un defecto y actuación inmediata es superior a la del hombre, teniendo, además, la ventaja de no estar condicionados a estados emocionales, en los que éste puede incurrir en contra de su voluntad.

No debemos de olvidar, pues son razones fundamentales, la necesidad de mantener un servicio continuo sin perturbaciones, la seguridad de los equipos que integran una central debido a su elevado coste, y la **SEGURIDAD DE LAS PERSONAS** que ha de prevalecer sobre las anteriores. Por estas razones, imprescindiblemente se recurre a todo tipo de medio que aporte una protección lo más segura y efectiva posible, a los equipos para los que son diseñados.

Los dispositivos de protección, a los que de ahora en adelante denominaremos sencillamente **protecciones,** han de actuar de manera más o menos rápida, según corresponda, ante la presencia de cualquier efecto que denote avería, situación de emergencia, anomalía, etc.

Dicha actuación puede llegar a poner fuera de servicio al equipo afectado y a todos los demás que, por estar funcionando al unísono con él, pudieran verse comprometidos, debido a una relación de dependencia entre los mismos.

En tal situación, los posibles daños se eliminan totalmente o se reducen a un mínimo aceptable de costos y tiempo de reparación, al quedar limitados aquellos al equipo defectuoso.

10.1. Conceptos de señalización, alarma y disparo

Por protección, se entiende todo conjunto de aparatos y circuitos, generalmente alimentados por corriente continua a tensiones que oscilan entre 24 y 220 V, destinados a detectar un defecto concreto.

Cada protección, al actuar, además de originar las acciones que a la misma se le solicitan, ha de manifestarse debidamente, identificándose en los cuadros y paneles de control, mediante señalizaciones luminosas y acústicas, al objeto de orientar al personal responsable de la instalación, con lo que se favorece la rápida puesta en operación del mismo.

Las señalizaciones luminosas, se concentran en las denominadas **centralitas de alarmas,** las cuales reunen los textos que definen a cada una de las protecciones que afectan a un grupo, una línea, etc.

Siempre que actúa una protección, además de iluminarse la placa sobre la que figura el texto, se provoca simultáneamente el funcionamiento de una señal acústica, como puede ser una campana, sirena, timbre, etc., convenientemente dispuesta, a fin de contrarrestar los ruidos propios de la central, distancias, etc.

Hemos de distinguir dos tipos de protecciones, en base a la influencia de su acción sobre los componentes de la instalación. Así existen protecciones destinadas sólo y exclusivamente a advertir, con determinada antelación, de la presencia de un posible defecto, con lo que se puede prevenir el mismo haciendo los controles, ajustes o reparaciones oportunas, sin necesidad de poner fuera de servicio al grupo, línea, etc. Estas protecciones actúan solamente sobre la señal luminosa acompañada de la señal acústica, lo que se conoce como **alarma.**

El otro tipo de protecciones considerado, influye en la desconexión o desacoplamiento, respecto de la red principal, de la línea o grupo afectado y, en el caso concreto de éste, la parada del mismo. Estas acciones, acompañadas también de las pertinentes señalizaciones luminosas y sonoras, se conocen como **disparo,** entendiendo por tal cuando se produce la apertura de interruptores generales, mediante órdenes dadas por **relés.**

Al tratarse del disparo de un grupo, concurren todas o parte de las actuaciones siguientes, cuya secuencia depende de cada instalación:

— Disparo del interruptor del grupo, de salida a la red principal.
— Disparo del interruptor de campo del circuito de excitación del grupo.
— Cierre de la compuerta de toma, válvulas instaladas en la tubería forzada, u otros medios de opturación en la conducción de agua.
— Cierre del master o solenoide.
— Cierre del distribuidor, mediante el circuito y electro-válvula de seguridad.
— Cierre de cerrojos o enclavamientos de servomotores de accionamiento del distribuidor.
— Cierre del limitador de carga del distribuidor.
— Actuación del control de carga-velocidad, en el sentido de perder potencia.
— Anulación o bloqueo de **disponibilidad de arranque.**

10.2. Concepto de disponibilidad de arranque

Por tal expresión, se entiende el cúmulo de todas las condiciones favorables, eléctricas y mecánicas, que permiten llevar a cabo la puesta en marcha de un grupo, sin contravenir ninguna norma de seguridad que pudiera perjudicar al correcto funcionamiento del mismo. Las condiciones que determinan una disponibilidad completa, dependen de cada instalación o grupo.

En la mayoría de los casos, un disparo lleva implícito el bloqueo de disponibilidad.

Tanto con grupo parado como en situación de disparo, la anulación o bloqueo del circuito de disponibilidad evita una posible puesta en marcha, sin haber normalizado o subsanado previamente la circunstancia desfavorable.

10.3. Clasificación de las protecciones

Las protecciones de los distintos equipos de una central, y especialmente las relacionadas con los grupos, quedan clasificadas en dos conjuntos muy definidos, basados en las características de los propios equipos o circuitos para los que aquellas están destinadas. Así tenemos:

— Protecciones mecánicas
— Protecciones eléctricas

En los sucesivos apartados, vamos a referirnos exclusivamente a las protecciones pertenecientes a las turbinas hidráulicas.

10.4. Relación de protecciones de las turbinas hidráulicas y de sus equipos

Sería muy extensa, una relación detallada de las protecciones de las turbinas existentes en cada una de las instalaciones más representativas, con el único fin de resaltar matices particulares sobre los circuitos de control propios de las mismas, los cuales, al estar sometidos a un perfeccionamiento continuo, dan origen a ciertas diferencias de diseño y actuación entre los de unas centrales y otras, aunque los objetivos a alcanzar son similares por no decir idénticos. Si, por el contrario, nos referiésemos a una instalación concreta, es probable que la exposición quedase limitada en algún proceso, caso de no disponer en la misma de determinados medios de protección.

Por las consideraciones indicadas, vamos a dar una relación, lo más completa posible, en la que se recogen las denominaciones de las protecciones de las turbinas hidráulicas y de sus equipos utilizados actualmente.

Así mismo, procuraremos destacar las actuaciones normalmente solicitadas a dichas protecciones, concretándolas a los conceptos de bloqueo de disponibilidad, alarma y disparo, si bien hemos de tener presente que no podemos establecer unas actuaciones patrón, generalizándolas a todas las instalaciones, ya que en función de las características de éstas, tales como potencia, dimensiones, tipos de turbinas, etc., una misma protección puede intervenir de forma distinta.

La mayoría de las protecciones de una turbina hidráulica, destinadas a proteger indirectamente a la totalidad del grupo, se basan en efectos puramente mecánicos, por lo que, en el argot de las instalaciones, se conocen como **faltas mecánicas**. Así tenemos las protecciones que detectan defectos surgidos en constantes como:

— Temperaturas
— Presiones
— Niveles
— Caudales
— Velocidad
— Etc.

Los aparatos empleados para estos cometidos, según corresponda, son termostatos, manostatos o presostatos, niveles, caudalímetros, y todos aquellos relés y dispositivos que complementan los respectivos circuitos.

La función a ejercer por determinadas protecciones, puede estar controlada por varios aparatos, lo que, según circunstancias, da lugar a un escalonamiento gradual de actuación, comenzando por una alarma, que representa la advertencia de la existencia de una falta, y terminando en el disparo, cuando se alcanzan las limitaciones de seguridad preestablecidas.

Para hacer con cierto orden la relación propuesta, tomaremos como referencia los equipos, sistemas, constantes, etc., donde radican o tienen influencia directa las protecciones. Tenemos:

— Protecciones del cojinete guía de turbina
— Protecciones del equipo de sellado del eje
— Protecciones del distribuidor
— Protecciones del sistema de aceite de regulación y de seguridad
— Protecciones del regulador de velocidad
— Protecciones del generador de imanes permanentes
— Protecciones contra sobrevelocidades
— Protecciones contra vibraciones
— Protecciones características de las turbinas Kaplan
— Protecciones del cojinete de empuje

A continuación exponemos los textos, utilizados habitualmente, de las protecciones que pertenecen a cada apartado, con la única intención de que sirvan de orientación, no pretendiendo que se memoricen.

Consideramos que, dichos textos, se identifican y definen por sí mismos, por lo tanto no profundizaremos en un estudio exhaustivo, al estimar que es labor a realizar por el propio interesado en cada central, donde, en base a las características de los equipos existentes, podrá documentarse con fundamento sobre los valores exactos de las constantes fijadas, temperaturas, presiones, velocidades, etc., así como analizar las actuaciones realmente establecidas, tales como alarmas, disparos, etc., a la vista de los circuitos de control, cuyo seguimiento detallado constituye la guía ideal para dicho estudio.

Teniendo en cuenta los matices oportunos, los textos que se indican son aplicables a todos los tipos de turbinas, no obstante, prevalece como modelo representativo la turbina de eje vertical tipo Francis, de hélice o Kaplan.

10.4.1. Protecciones del cojinete guía de turbina

— **Falta circulación agua refrigeración aceite cojinete turbina**
- Bloqueo de disponibilidad
- Alarma o disparo (depende de instalaciones)

— **Alta temperatura cojinete turbina**
- Escalonadamente produce: Alarma
  Disparo

— **Baja presión aceite cojinete turbina**
- Alarma o disparo (depende de instalaciones)

— **Bajo nivel aceite cojinete turbina**
- Alarma

— **Muy bajo nivel aceite cojinete turbina**
- Disparo

— **Alto nivel aceite cojinete turbina**
- Alarma o disparo (depende de instalaciones)

— **Falta circulación aceite cojinete turbina**
- Disparo

10.4.2. Protecciones del equipo de sellado del eje

— **Falta circulación agua refrigeración junta sellado**
- Bloqueo de disponibilidad
- Escalonadamente produce: Alarma
  Disparo

— **Alta temperatura junta sellado**
- Alarma

— **Muy alta temperatura junta sellado**
- Disparo

— **Igualdad de presiones entre agua refrigeración y carcasa**
- Disparo

— **Obstrucción filtros agua refrigeración junta sellado** o **Falta presión agua refrigeración junta sellado**
- Alarma o disparo (depende de instalaciones)

— **Alto nivel agua fugas por eje turbina**
- Alarma

— **Muy alto nivel agua fugas por eje turbina**
- Disparo

10.4.3. Protecciones del distribuidor

— **Rotura fusibles mecánicos**
- Disparo

— **Fuera de sincronismo palas distribuidor**
- Disparo

— **Demasiada apertura palas distribuidor**
- Disparo

10.4.4. Protecciones del sistema de aceite de regulación y de seguridad

— **Falta circulación agua refrigeración aceite regulación**
- Bloqueo de disponibilidad
- Alarma o disparo (depende de instalaciones)

— **Alta temperatura aceite regulación**
- Escalonadamente produce: Alarma
Disparo

— **Baja presión calderín regulación**
- Bloqueo de disponibilidad
- Alarma o disparo (depende de instalaciones)

— **Muy baja presión calderín regulación**
- Bloqueo de disponibilidad
- Disparo

— **Alta presión calderín regulación**
- Alarma o disparo (depende de instalaciones)

— **Bajo nivel aceite calderín regulación**
- Bloqueo de disponibilidad
- Alarma o disparo (depende de instalaciones)

— **Muy bajo nivel aceite calderín regulación**
- Bloqueo de disponibilidad
- Disparo

— **Alto nivel aceite calderín regulación**
- Bloqueo de disponibilidad
- Alarma o disparo (depende de instalaciones)

— **Bomba aceite regulación**
- Disparo (por fallo en la misma)

— **Bomba reserva aceite regulación**
- Arranque por baja presión

— **Bajo nivel aceite depósito colector**
- Alarma o disparo (depende de instalaciones)

— **Muy bajo nivel aceite depósito colector**
- Disparo

— **Alto nivel aceite depósito colector**
- Alarma o disparo (depende de instalaciones)

— **Alto nivel aceite depósito recogida fugas**
- Alarma

— **Muy alto nivel aceite depósito recogida fugas**
- Disparo

— **Baja presión calderín seguridad**
- Alarma

— **Alta presión calderín seguridad**
- Alarma

— **Bajo nivel aceite calderín seguridad**
- Alarma

— **Alto nivel aceite calderín seguridad**
- Alarma

10.4.5. Protecciones del regulador de velocidad

— **Rotura transmisión velocidad a tacómetro** (correa, etc.)
- Bloqueo de disponibilidad
- Alarma o disparo (depende de instalaciones)

— **Bajo nivel aceite regulador**
- Bloqueo de disponibilidad
- Alarma o disparo (depende de instalaciones)

10.4.6. Protecciones del generador de imanes permanentes

Aunque el generador de imanes permanentes, o equipo similar destinado a idéntico fin, puede ser instalado en distintas zonas del eje del grupo, en la mayoría de los casos se encuentra en la zona de turbina. No es este hecho el que nos predispone a considerar a esta protección como propia de turbina, ya que, además, se trata de una protección de tipo eléctrico. El motivo de incluirla en la presente relación, se debe a la dependencia esencial que del generador de imanes tiene el regulador de velocidad, equipo que sí está íntimamente ligado a la turbina.

— **Falta tensión generador imanes permanentes**
- Bloqueo de disponibilidad
- Disparo

10.4.7. Protecciones contra sobrevelocidades

Los dispositivos utilizados consisten en contactos centrífugos y circuitos eléctricos, instalados convenientemente en la zona del eje, sobre el elemento detector de la velocidad del grupo, como puede ser el generador de imanes permanentes, el generador de impulsos, etc.

— **Sobrevelocidad** o **embalamiento, primer escalón** (entre 110 y 120 %)

- Alarma (Si se produce tal embalamiento, por efecto de un disparo originado por otra falta)

— **Sobrevelocidad** o **embalamiento, segundo escalón** (entre 140 y 150 %)

- Disparo (Cierre de compuertas, válvulas, etc., si persiste el embalamiento)

10.4.8. Protecciones contra vibraciones

— **Vibraciones en máquina**

- Disparo

10.4.9. Protecciones características de turbinas Kaplan

— **Posición incorrecta palas rodete**

- Bloqueo de disponibilidad
- Disparo

— **Bajo nivel aceite depósito actuador palas distribuidor**

- Bloqueo de disponibilidad
- Alarma o disparo (depende de instalaciones)

— **Bajo nivel aceite depósito actuador palas rodete**

- Bloqueo de disponibilidad
- Alarma o disparo (depende de instalaciones)

— **Falta conjugación actuación palas distribuidor y rodete**

- Bloqueo de disponibilidad
- Disparo

10.4.10. Protecciones del cojinete de empuje

El cojinete de empuje, que repetimos no es un elemento privativo de la turbina en sí, aunque sí de los grupos de eje vertical, dispone de una serie de protecciones análogas a las descritas para el cojinete guía de turbina, conocido también, este último, como **cojinete de turbina** simplemente. Ver apartado 10.4.1., haciendo referencia de dichas protecciones al caso presente.

Dado que el cojinete de empuje dispone, normalmente, del sistema de aceite a presión para el arranque del grupo, mencionamos las protecciones relacionadas con dicho sistema.

— **Baja presión aceite sistema arranque**
- Bloqueo de disponibilidad
- Disparo (depende de instalaciones)

Hoy día, para grupos modernos, en referencia con la actuación de las protecciones de los cojinetes en general, se tiende a instalar controles que obtengan paradas normales de las máquinas, cerrando primeramente el distribuidor con posterior apertura del interruptor principal, en vez del disparo. Tal medida, tiene como fin evitar daños mayores ante posibles embalamientos, casi siempre presentes, aunque sea en porcentajes muy bajos, en situación de disparo.

INDICE ALFABETICO

Los números en **negrita** indican las páginas donde se tratan con mayor amplitud los conceptos respectivos.

- A -

- B -

- C -

- CH -

- D -

- **E** -

- **F** -

- **S** -

- T-

- V -

- W -

BIBLIOGRAFIA

BAUMEISTER y MARKS	Manual del Ingeniero Mecánico de Marks (1967).
BUCHHOLD-HAPPOLDT	Centrales y redes eléctricas (1966).
C E A C	Centrales eléctricas (1972). Máquinas motrices. Generadores de energía eléctrica (1972).
GOMEZ NAVARRO	Saltos de agua y presas de embalse. Tomo I (1964).
IBERDUERO, S. A.	Reglamentos de servicio de centrales hidroeléctricas.
KNOWLTON	Manual «Standard» del Ingeniero Electricista (1956).
LUCIEN VIVIER	Turbines hydrauliques et leur régulation (1966).
MATAIX	Turbomáquinas hidráulicas (1975).
RIBAUX	Hydraulique appliquée III. Turbo-machines (1953).
RUBIO SANJUAN	Elementos de hidráulica general y aplicada (1960).
SALVAT	Enciclopedia Salvat de la Ciencia y Tecnología (ESCYT) (1968).
SANTO POTESS	Centrales eléctricas (1971).
SCHÄFER	Hidráulica y construcciones hidráulicas (1959).
ZOPPETTI	Centrales hidroeléctricas (1965).